DE

L'EXPLOITATION DE LA HOUILLE

A LA PROFONDEUR

D'AU MOINS MILLE MÈTRES.

DE

L'EXPLOITATION DE LA HOUILLE

A LA PROFONDEUR

D'AU MOINS MILLE MÈTRES,

Par A. Devillez,

Professeur de mécanique appliquée et de constructions civiles à l'École provinciale
des Mines du Hainaut,
ancien Répétiteur à l'École centrale des Arts et Manufactures de Paris.

———

MÉMOIRE

en réponse à une question proposée par le Gouvernement et par
l'Académie royale de Belgique ;

SUIVI DES

RAPPORTS, SUR CE MÉMOIRE,

DE

MM. **De Vaux**, Inspecteur général des Mines ; **Lamarle**, Professeur de
Constructions publiques à l'École du Génie civil annexée à l'Université de
Gand, et **Brasseur**, Professeur de Mécanique appliquée à l'Université et à
l'École des Mines de Liége, Commissaires-examinateurs désignés par l'Académie.

ET D'UN

Mémoire supplémentaire en réponse aux objections présentées dans les rapports
de MM. les Commissaires de l'Académie.

DEUXIÈME ÉDITION,

REVUE ET AUGMENTÉE.

LIÉGE,

F. RENARD, ÉDITEUR,

PLACE SAINT-JACQUES, 49.

PARIS,
LACROIX & BAUDRY,
Quai Malaquais, 15.

LEIPZIG,
CH. GNUSÉ, Comm^{re}
pour l'Allemagne.

1859

BRUXELLES,

TYPOGRAPHIE DE E. GUYOT,

12, rue de Schaerbeek.

AVANT-PROPOS.

———

Le 5 janvier 1856, l'Académie des Sciences de Belgique
proposa, pour le concours de 1856, la question suivante à la
solution de laquelle le Ministre des travaux publics attacha
un prix de 2000 francs.

« *Indiquer un système complet de moyens rationnels et
pratiques de porter l'exploitation des houillères à mille
mètres au moins de profondeur, sans aggraver sensiblement
les conditions économiques dans lesquelles on opère aujour-
d'hui en Belgique.* »

« Dans l'hypothèse où le prix ne serait pas remporté, la
classe se réserve de s'entendre avec le Gouvernement pour
récompenser, selon son mérite, l'auteur qui résoudrait un
des points principaux du problème, notamment celui qui

MÉMOIRE

EN RÉPONSE A LA QUESTION SUIVANTE POSÉE PAR M. LE MINISTRE
DES TRAVAUX PUBLICS : « *Indiquer un système complet de
moyens rationnels et pratiques de porter l'exploitation de
la houille jusqu'à* 1000 *mètres au moins de profondeur,
sans aggraver sensiblement les conditions économiques
dans lesquelles on opère aujourd'hui en Belgique.* »

Si j'ai bien compris le but de M. le ministre des travaux
publics, il s'agit ici d'un appel fait à tous les hommes qui ont
étudié sérieusement l'exploitation des mines, pour connaître
l'avenir réservé à l'importante industrie des houilles dans
notre pays. Il veut que l'on recherche, autant que l'état
actuel de la science le permet, si ces immenses amas de combustible, enfouis à des profondeurs que l'on n'a point encore
explorées, 1000 *mètres au moins,* pourront un jour être
amenés à la surface de la terre, sans une augmentation telle
de leur prix de revient, qu'il faille les abandonner dans leurs
retraites inaccessibles; et si les belles provinces, qui trouvent
aujourd'hui dans l'exploitation de ce pain de l'industrie, une
source inépuisable de richesses et de bien-être, verront, à une

époque plus ou moins reculée, cette prospérité s'évanouir comme un beau rêve, et sont destinées à marcher sur les traces de ces antiques cités que le commerce a fait briller, pendant un temps, d'un remarquable éclat, puis qui sont retombées dans l'obscurité lorsque ce commerce a passé en d'autres mains ou en d'autres lieux, par la force des circonstances ou par la faute des hommes. Il s'agit, en un mot, de confirmer par des considérations rationnelles, l'espérance consolante que, pendant de longues années, pendant des siècles peut-être, nos richesses minérales ne seront point épuisées et que nous pourrons encore les atteindre dans des conditions économiques satisfaisantes.

Après un examen attentif de la question, j'ai reconnu :

1° Qu'à la profondeur de 1000 mètres, la température ne serait point un obstacle à l'exécution des travaux et au séjour des ouvriers.

Cette question était importante, et il fallait la résoudre avant toute autre, car, après un premier coup-d'œil, on pourrait redouter la fâcheuse influence de la chaleur à cette profondeur, les lois généralement admises sur l'accroissement de la température du globe, à mesure que l'on s'enfonce dans son sein, portant à 40 ou 45 degrés centigrades, la température normale à la profondeur de 1000 mètres.

L'ouvrier ne pourrait évidemment travailler dans un milieu à une semblable température ;

2° Que, sans faire aucune invention nouvelle et en se servant judicieusement des meilleurs moyens d'exploitation employés jusqu'aujourd'hui, le problème pouvait être résolu sans que l'on vînt se heurter contre une de ces impossibilités qui résultent de dimensions démesurées de certains appareils ou de certaines parties d'appareil.

Qu'à cette profondeur, et même au delà, on restait encore dans de bonnes conditions pratiques, qu'aucun des appareils employés ne devait présenter de sérieuses difficultés de marche ni de construction, et qu'ils ne sortaient point de la catégorie des objets de fabrication courante et certaine.

C'est donc de cette façon que je me suis efforcé de résoudre le problème de l'exploitation à 1000 mètres au moins de profondeur, et j'ai mieux aimé fournir ainsi une solution sûre, réalisable aujourd'hui sans aucun risque d'insuccès, que de me lancer dans la voie des procédés nouveaux, peu certains, parce qu'on oublie presque toujours de tenir compte de quelques éléments de la question à résoudre, et qui, dans tous les cas, sont discutables. En un mot, je n'ai pas voulu faire du roman industriel, et je montrerai qu'il est fort possible de résoudre le problème par ces moyens, que l'on trouvera peut-être un peu terre-à-terre, et sans aggraver sensiblement les conditions économiques de l'exploitation de la houille.

Ainsi, j'ai supposé que l'on employait, sans modifications notables, les meilleurs systèmes d'exploitation et d'aménagement intérieur des travaux, appliqués jusqu'aujourd'hui et qui sont décrits dans les traités récents d'exploitation des mines; et j'ai laissé une large part à l'esprit inventif des constructeurs de machines destinées à produire un effet déterminé, après avoir démontré la possibilité de leur construction.

Cependant, malgré le parti pris de n'admettre que des moyens dont les résultats sont incontestables, j'exposerai, à la fin de ce mémoire, quelques idées sur les perfectionnements que l'on pourra introduire un jour dans quelques parties des travaux d'exploitation, et j'indiquerai la tendance actuelle vers certaines méthodes d'aménagement des travaux souterrains pour diminuer les frais généraux de production.

Enfin, quoique j'aie très-peu insisté sur les détails spéciaux de chaque opération, lesquels sont longuement exposés dans les bons traités ordinaires sur la matière, et que j'aie beaucoup plus cherché à poser des règles générales applicables en toutes circonstances pour l'exploitation à de grands profondeurs, je n'en ai pas moins supposé un certain chiffre d'extraction et un certain volume d'eau à élever pour assécher les travaux, parce qu'il eût été difficile sans cela de montrer qu'en aucun cas, les dimensions de tous les appareils et parties d'appareils employés, ne devenaient exagérées et ne sortaient des limites dans lesquelles le succès de l'exécution peut être considéré comme certain.

J'ai supposé une extraction journalière de 6000 hectolitres de 85 kilog. chacun, à la profondeur de 1000 mètres, en 10 à 11 heures de travail et par un seul puits. C'est le chiffre le plus considérable que l'on ait encore atteint dans l'exploitation de la houille en Belgique. De plus, j'ai supposé que la quantité d'eau à élever de cette profondeur était de 2620 à 2640 mètres cubes par 24 heures; soit 131 à 132 mètres cubes par heure et pendant 20 heures de travail. Il y a fort peu de mines où le volume d'eau à extraire ait dépassé cette limite, et c'est un fait d'expérience que la quantité d'eau à extraire ne croît que peu ou point avec la profondeur au delà de certaines limites. Les couches inférieures que l'on rencontre alors n'en contiennent que très-rarement par elles-mêmes, ou n'en contiennent que de faibles quantités; toutes les eaux viennent des terrains supérieurs et n'arrivent dans les excavations très-profondes qu'en traversant les fissures qui existaient dans les terrains inférieurs ou qui sont le résultat naturel des travaux d'exploitation.

Dans tout le cours de ce travail, j'ai évité de reproduire les renseignements, dispositions de machines, etc., etc., que l'on peut trouver dans les traités d'exploitation de la houille, et qui ne servaient point directement à atteindre le but que je m'étais proposé; parce que c'eût été l'allonger inutilement et parce que le but général qu'il s'agissait d'atteindre, c'est-à-dire la preuve de la possibilité d'exploiter jusqu'au delà de la profondeur de 1000 mètres, aurait pu être perdu de vue. Ensuite, j'ai traité séparément chacune des opérations spéciales qui se rattachent à la question générale d'exploitation, et j'ai été ainsi conduit à diviser mon travail en un certain nombre de chapitres.

1° De la température probable dans les mines à la profondeur de 1000 mètres au moins ;

2° De l'extraction à la profondeur de 1000 mètres ;

3° De l'épuisement à la profondeur de 1000 mètres ;

4° De l'aérage à la profondeur de 1000 mètres ;

5° Des moyens à employer pour l'ascension et la descente dans les puits très-profonds ;

6° Conditions économiques de l'exploitation, à la profondeur de 1000 mètres ;

7° Considérations sur les modifications et perfectionnements qui pourront être apportés à l'exploitation de la houille à de grandes profondeurs, et dans un avenir plus ou moins prochain.

Je n'ai point fait, comme on le verra, le projet complet de la méthode à suivre pour exploiter une mine dans des circonstances connues et déterminées ; je n'ai fait que poser des règles et présenter des aperçus généraux applicables en toutes circonstances et propres à guider les exploitants dans le choix des moyens à mettre en usage pour tirer le meilleur parti possible des richesses minérales qui leur sont concédées. Enfin, j'ai écarté tout calcul un peu abstrait, afin de pouvoir être lu par tout le monde, dans le cas où ce travail serait livré à l'impression.

DE LA TEMPÉRATURE DANS LES MINES PROFONDES.

L'hypothèse de la chaleur centrale de la terre se présente aujourd'hui appuyée par un si grand nombre de faits, qu'il n'est plus possible de la considérer comme une de ces créations imaginaires qui, de temps en temps, ont eu crédit dans la marche progressive des sciences et qui ont disparu devant une étude plus complète des phénomènes qu'elles devaient expliquer.

La température des eaux qui jaillissent des puits artésiens ou des sources thermales, celle des roches qu'on exploite dans les mines profondes, l'activité volcanique de la terre qui se manifeste par l'éruption des masses liquéfiées qu'elle rejette de son sein, et beaucoup d'autres phénomènes qu'il serait trop long d'énumérer, prouvent, jusqu'à un degré voisin de la certitude absolue, que la terre possède à l'intérieur une température propre, incomparablement plus élevée que la température composée que l'on observe à la surface; et même conduisent à conclure, par analogie, qu'au delà d'une certaine profondeur, il existe vraisemblablement une incandescence et une fluidité qui datent de l'origine des choses.

De plus, en s'appuyant sur des expériences faites sur la température des lieux profonds qui nous sont accessibles et sur celle des eaux qui en proviennent, on s'est cru autorisé à en tirer l'importante conclusion qui suit :

A partir du niveau où commence la température fixe, dans le sol de chaque pays, la chaleur croît, avec la profondeur, d'une quantité qu'on évalue à un degré centigrade pour environ 30 mètres d'abaissement vers le centre de la terre.

La loi d'accroissement de température, formulée en termes aussi nettement définis, semble cependant un peu sujette à contestation.

En effet, pour que des expériences sur la température des mines fussent à l'abri de toute critique, il faudrait évidemment qu'elles fussent faites dans des excavations de peu d'é- tendue et de peu de hauteur, dans un sol vierge, défendues par une clôture suffisante contre toute influence étrangère, telle que passage des ouvriers, accès des eaux, introduction d'air extérieur, et fermées pendant un temps assez long pour que la température primitive des parois ait pu se rétablir complétement. Il est facile de comprendre qu'il n'existe que peu ou point de ces observations qui aient eu lieu dans des circonstances aussi favorables.

En supposant même toute ventilation suspendue dans une mine d'une certaine étendue, l'air, dans chaque étage, prendrait la température du terrain environnant et circulerait continuellement des étages inférieurs aux étages supérieurs, en vertu des différences de poids spécifiques qui résulteraient des différences de température; de sorte qu'en aucun point la température de l'air ne représenterait exactement la température du sol immédiatement en contact. Dans une mine ordinaire en exploitation, où l'air extérieur a continuellement accès, dans laquelle les eaux filtrantes apportent sans cesse les causes de variations qui leur sont propres et où l'éclairage et les ouvriers dégagent journellement des quantités de chaleur notables, les causes d'erreur sont encore plus nombreuses, et il est plus difficile d'en tenir compte.

Cependant, de toutes les expériences faites jusqu'à ce jour et en écartant, autant que possible, les causes d'erreur que l'on a pu constater, on a tiré les conclusions approximatives qui suivent, et qui semblent plus probables que la loi unique rappelée ci-dessus :

1° L'épaisseur *moyenne* de l'écorce de la terre n'excède probablement pas 20 lieues de 5,000 mètres ;

2° Cette épaisseur est probablement très-inégale, ce qui provient de la différence de conductibilité des différents terrains et de plusieurs autres causes encore inconnues ;

3° L'augmentation de la chaleur souterraine avec la profondeur, ne suit pas la même loi par toute la terre ; elle peut être double ou même triple, d'un pays à un autre.

Je ne connais aucune expérience faite en Belgique, dans des conditions telles que l'on en puisse conclure la loi d'accroissement de température dans le terrain qui renferme nos gisements houillers ; mais quelqu'importance que puisse avoir la solution de cette question, au point de vue scientifique, on verra, par quelques expériences que je citerai plus loin, que cette importance n'est pas la même au point de vue industriel, et que le problème économique peut être résolu d'une manière satisfaisante, sans que la question scientifique l'ait été préalablement.

Si on calcule les températures théoriques à différentes

profondeurs, dans l'hypothèse d'un accroissement de 1° centigrade par 30 mètres environ d'approfondissement, admise par M. Combes pour nos contrées (¹), et si on suppose que la température constante soit de 11° centigrades à la profondeur moyenne de 30 mètres, on trouve :

Profondeur. mèt.	30	60	90	120	150	180	210	240	270	300	330
Température . . .	11°	12°	13°	14°	15°	16°	17°	18°	19°	20°	21°

Profondeur. . . . mèt.	360	390	420	450	480	510	540	570	600	1000
Température	22°	23°	24°	25°	26°	27°	28°	29°	30°	43°

En supposant cet accroissement trop rapide, et même en portant à 35 ou 40 mètres, l'approfondissement qui correspond à un accroissement de 1°, il est évident que si le milieu dans lequel les ouvriers mineurs sont obligés de travailler, devait conserver la température de la roche environnante, augmentée par les lumières et la chaleur propre que dégagent ces ouvriers, toute exploitation deviendrait impossible à la profondeur de 1000 mètres. Mais heureusement il n'en est point ainsi, et l'on verra que l'action réfrigérente de l'air qui circule dans les travaux, celle de l'eau qui arrive des terrains supérieurs avec une température plus basse que celle des roches dans lesquelles s'exécutent les travaux d'exploi-

(¹) *Traité d'exploitation des mines*, édition belge, page 210, tome 2.

tation, et enfin celle de l'évaporation de l'eau qui tapisse les
parois des galeries par l'air qui circule avec vitesse le long
de ces parois, diminuent de plus en plus la température du
milieu dans lequel se meuvent les travailleurs.

Je rappellerai d'abord quelques expériences que je trouve
dans le traité d'exploitation de M. Combes, dans un mémoire
de M. Glépin, ingénieur à Hornu, et dans un mémoire de
M. Jochams, ingénieur de l'État. Ces expériences, qui n'ont
point été faites pour déterminer l'influence de la ventilation,
des eaux filtrantes et de l'évaporation sur la température des
mines, fourniront néanmoins quelques indications utiles,
quoique insuffisantes. La température théorique y est calculée
dans l'hypothèse d'un accroissement de 1° par 30 mètres de
profondeur.

GLÉPIN, expérience du 4 février 1842. (*Bulletin du Musée de l'industrie.*)

1° Fosse n° 3 du Grand-Buisson :

Plus grande profondeur à laquelle l'air descendait . 266^m
Température extérieure . . . . 2°
Chemin moyen parcouru par les divers courants au
  point où la température a été mesurée . . . . 800^m
Volume d'air traversant les galeries . . . . . 4^m,863
Nombre d'ouvriers avec lumières sur le passage du
  courant 200
Température de l'air de la mine avant le foyer
  d'aérage . . . . 15°,50
Température théorique à la profondeur de 266^m . . 18°,83

La température de 15°,50 est probablement un peu faible
pour le courant indiqué, parce qu'il venait s'y mêler, avant
qu'il arrivât au foyer ventilateur où la température a été
mesurée, environ 1^m,621 d'air ayant parcouru des travaux
supérieurs et par conséquent plus froids.

combes, expérience d'octobre 1857. (*Traité d'exploitation.*)

2° Mine de l'Espérance, près de Liége :

Profondeur du point d'observation. . . . . . .   444^m
Température extérieure . . . .   11°
Température de la roche à 1 mètre de profondeur.   19°
Température du courant dans la mine. . . . .   21°
Température théorique à 444 mètres . . . . .   24°,80

L'excès de la température du courant, sur celle de la roche, tenait probablement à la présence des ouvriers et à une ventilation un peu faible momentanément.

jochams, expérience du 3 août 1848. (*Annales des travaux publics*, t. XI.)

3° Siége d'exploitation n° 5 du charbonnage du Gouffre :

Profondeur *maxima* . . . .   535^m
Volume d'air circulant dans les travaux. . . .   4^{m3},884
Chemin parcouru au point où la température a été
  prise . . . .   340 à 350^m
Température extérieure . . . .   18°
Température du courant . . . .   15°
Température théorique à la profondeur de 535^m.   21°,17

Même mémoire que ci-dessus.

4° Même siége d'exploitation :

Profondeur *maxima* . . . .   417^m
Volume d'air circulant dans les travaux. . . . .   5^{m3},252
Longueur des galeries parcourues par le courant,
  y compris les tailles. . . . .   1050 à 1100^m
Température extérieure . . . .   20°
Température du courant . . . .   18°
Température théorique à la profondeur de 417^m.   23°,90

JOCHAMS, expérience du 5 août 1848. (*Annales des travaux publics*, t. XI.)

5° **Même siége d'exploitation :**

Profondeur *maxima* 335ᵐ
Volume d'air circulant. 7ᵐˢ,998
Chemin parcouru au point où la température a été
  prise . . . .   340 à 350ᵐ
Température extérieure . . . .   20°
Température du courant . . . .   16°
Température théorique à la profondeur de 335ᵐ.   21°,17

Même mémoire, expérience du 9 octobre 1849.

6° **Puits n° 2 des charbonnages réunis de Charleroy :**

Profondeur *maxima* 415ᵐ
Volume total d'air traversant les travaux . . .   11ᵐˢ,180
Développement total de conduits souterrains par-
  courus par plusieurs branches du courant . .   3790ᵐ
Température extérieure . . . .   12°
Température du courant . . . .   15°,75
Température théorique à la profondeur de 415ᵐ.   25°,85

L'air intérieur avait été probablement refroidi en certains points de son parcours, et avait possédé une plus haute température dans les parties les plus profondes de l'exploitation.

Dans toutes ces expériences, la température de l'air dans les travaux est inférieure à la température théorique présumée, à la profondeur où ces travaux sont arrivés et, en tenant compte de la température initiale que cet air possède avant de pénétrer dans la mine, on voit que la différence entre la température présumée et la température réelle observée, est d'autant plus grande que la ventilation est plus active ; la dernière expérience surtout est remarquable, à cause du volume considérable d'air qui balayait les travaux.

LIEUX ET DATES des EXPÉRIENCES.	PROFONDEUR DU PUITS.	TEMPÉRATURE THÉORIQUE au maximum de profondeur.	BAS DU PUITS. Température.	BAS DU PUITS. Eau affluente.	TEMPÉRATURE DANS LA TAILLE.	TROUSSAGE avant l'arrivée aux tailles. Température.	TROUSSAGE. État.	TEMPÉRATURE au bas du puits de retour d'air.	VOLUME D'AIR qui traverse la mine.	NOMBRE D'OUVRIERS et de lumières.	TEMPÉRATURE AU FOND D'UN TROU de fleuret. Au bas du puits dans la veine.	Dans la veine à la taille.	Dans la roche au bas du puits de retour d'air.	PROFONDEUR du trou de fleuret.	TEMPÉRATURE EXTÉRIEURE.	OBSERVATIONS.
Charbonnage de la Blanchisserie. (Fin de mai 1856.)	597m	29°,25	13°	40 hectolit. d'eau par 24 hres.	20°	16°	Sec.	17°	8mᵌ	82 ouvriers 85 lumières.	13°,50	20°	17°,50	0m,60	16°,75	L'air, avant de remonter et à partir du puits d'arrivée, parcourait jusqu'à la taille où la température a été prise, 188 mètres de galeries; celles-ci étaient parfaitement sèches, le puits d'extraction seul donnait 40 hectolitres d'eau, dans le bas, à partir de la profondeur de 300 mètres.
Puits n° 4 du Trieu-Kaisin. (16 avril 1856.)	590m 351m	29°,00	17°,50 18°,75	De 551 à 300, venue d'eau dans le puits. — Très-peu d'eau. Sec.	20°,87	21°,25	»	21°,30	6mᵌ	74 ouvriers avec lumièr.	Au bas du puits dans la roche. — 20°	22°,50	22°,50	1m,80	10°,90	
Même puits. (15 mai 1856.)	590m 551m	29°,00	16°,25 17°,25	Peu d'eau. Sec.	20°,87	21°,25	»	20°,00	6mᵌ	80 ouvriers avec lumièr.	18°,75	21°,90	21°,50	1m,80	13°,70	Une autre observation dans ces mêmes travaux, par une température extérieure de 0°, a donné, très-approximativement, les mêmes résultats.

En feuilletant des divers mémoires publiés sur la ventilation des mines, j'ai encore trouvé beaucoup d'autres observations dans lesquelles les températures souterraines se sont trouvées tantôt inférieures et tantôt supérieures à la température présumée de la roche environnante ; mais presque toujours, dans ce dernier cas, cet excès était dû à la présence des travailleurs dont les effets étaient mal combattus par une ventilation insuffisante, ou par d'autres causes que l'on n'a point examinées parce que les observations avaient un autre but que celui que je me suis proposé ici ; de sorte qu'il serait fort difficile de tirer de ces observations quelque conséquence importante.

Le degré d'humidité des travaux, par exemple, n'y est jamais indiqué, non plus que dans celles que j'ai rapportées, et cependant c'est un élément capital de la question à résoudre.

Pour confirmer les résultats que les observations que j'ai rappelées ci-dessus peuvent faire pressentir, voici encore trois expériences faites à ma prière par des jeunes gens intelligents, dans deux des mines les plus profondes de la Belgique : celle de la Blanchisserie, à la porte de Charleroy, et celle du Trieu-Kaisin à Gilly (v. tableau p. 12-13).

On voit, par le tableau de ces expériences, qui sont fort significatives à cause de la grande profondeur des travaux (près de 600 mètres) :

1° Que jusqu'à la profondeur de 600 mètres, l'action de la ventilation et de l'humidité peut atténuer les effets de la chaleur centrale, au point d'établir dans les travaux la même température que dans des mines moins profondes ;

2° Que l'eau qui suinte le long des parois des puits, à la partie inférieure, produit un notable refroidissement dans la masse d'air qui assainit les travaux ;

3° Que l'activité de la ventilation a une telle influence sur la température, qu'à la Blanchisserie, où le volume d'air est de 8 mètres cubes par seconde et où les travaux sont peu étendus, la température de la roche a été abaissée, par l'influence du courant et de l'évaporation, à la profondeur de près de 600 mètres, jusqu'à 13°,50 au bas du puits d'arrivée de l'air; qu'elle n'a été que de 20° dans la veine, où la roche, plus récemment mise à découvert, n'avait pu être aussi refroidie, et enfin qu'elle n'était encore que de 17°,50 au bas du puits de retour d'air.

Au Trieu-Kaisin, les abaissements de température ont été un peu moindres, probablement parce que la ventilation y était moins active et les conduits plus secs.

Enfin, pour compléter ce que je puis fournir de renseignements à ce sujet, je vais exposer tous les détails des expériences que M. Delsaux, ingénieur des Charbonnages belges, a bien voulu faire, sur ma demande, dans les travaux du puits n° 2 de ces charbonnages.

L'air qui sert à l'assainissement des travaux de ce chantier d'exploitation, descend par le puits d'extraction P et le puits aux échelles P′ (voir pl. 1, fin du volume). Le courant qui suit le puits d'extraction se divise au niveau de 348 mètres, en deux parties que je désigne par les lettres A et B. La partie A traverse les travaux établis à l'étage de 348 mètres, et la partie B ceux qui sont établis à l'étage de 404 mètres. Le courant qui suit le puits aux échelles ne sert qu'à ventiler ce puits avec de l'air pur, jusqu'au niveau de 207 mètres, afin de faciliter l'ascension et la descente des ouvriers, et il se rend directement de ce niveau au puits de retour d'air p'; je le désigne par la lettre C.

Les trois courants A, B, C comprennent par conséquent toute la quantité d'air aspirée dans les travaux par le ventilateur qui est à ailettes planes.

Nous avons vu que le courant C du puits aux échelles se rendait immédiatement au ventilateur après avoir parcouru ce puits jusqu'à la profondeur de 207 mètres ; il n'offre donc rien d'intéressant à constater, sinon l'évaluation de son volume.

Quant aux courants A et B, ils se subdivisent en plusieurs courants qui suivent un itinéraire tellement compliqué, que pour l'intelligence des expériences relatées plus loin, il est nécessaire de donner une description détaillée du chemin parcouru par toutes ces subdivisions.

Le courant A se subdivise à l'étage de 348 mètres, en deux parties principales a et a'. La subdivision a se dirige par le bouveau sud et se subdivise elle-même, au point où la plateure de la couche *Chaufournoise* est rencontrée par ce bouveau, en deux parties a'' et a'''.

La partie a'', qui est la plus faible, parcourt les chantiers en non-activité de la couche *Grande-Séreuse*, en droit, abandonne cette couche au niveau de 266 mètres et se rend par le bouveau sud, même niveau, au puits aux échelles P' qu'elle parcourt jusqu'au niveau de 207 mètres, où elle se réunit aux différents courants qui affluent en ce point pour passer dans le puits d'aérage p'.

La partie a''' parcourt une costresse de 300 mètres établie au levant de la Chaufournoise, un bouveau sud de 65 mètres, partant de l'extrémité de cette costresse, et arrive ensuite aux chantiers de la couche *Petit-Samain*, actuellement en activité et qui fournissent 900 hectolitres par jour, pour se rendre de là au touret d'aérage T, où elle rencontre d'autres courants qui se dirigent vers le puits d'aérage p' par le bouveau de nord à l'étage de 207 mètres (à cause de la pente des crochons vers le levant, la couche Petit-Samain a pu être recoupée à 300 mètres, par un bouveau sud partant de la Chaufournoise).

La subdivision a' se dirige, par le bouveau de nord, à 348 mètres, sur les chantiers abandonnés de la couche *Cinq-Paulmes* et de la Chaufournoise, où l'on exécute des travaux préparatoires (bouveaux et percement de failles) et se reconstitue, après s'être subdivisée aussi, en plusieurs filets ou courants, au bouveau d'aérage, à 309 mètres, qu'elle parcourt jusqu'au touret T'. Là elle se réunit à un courant b' (¹) qui sort de ce touret, pour former un mélange qui se divise, au pied du touret T, en deux parties a^{iv} et a^v, dont l'une a^{iv} suit ce touret dans lequel elle se réunit au courant a''', et arrive avec lui au puits d'aérage p' par le bouveau de nord, au niveau de 207 mètres.

L'autre, a^v, continue à suivre le bouveau de nord jusqu'au puits d'aérage p où elle se réunit à un autre courant b dont il sera plus loin question.

Le courant B, au niveau de 404 mètres, se subdivise en deux parties b et b'.

La subdivision b parcourt les chantiers de la plateure de la Grande-Séreuse (au sud), actuellement en activité et fournissant 300 hectolitres, et se dirige de là vers le bouveau d'aérage, au niveau de 309 mètres, par le touret T'. Là elle rencontre la subdivision a' et suit avec elle l'itinéraire que nous avons décrit pour celle-ci. La subdivision b' alimente l'exploitation de la plateure de Cinq-Paulmes (au sud), et se rend immédiatement à la sortie des chantiers, au puits de retour d'air p. Cette exploitation fournit 1,800 hectolitres de charbon par jour.

Au moyen de cette description, il sera facile de suivre les expériences qui ont été faites en plusieurs points de la mine et qui sont consignées dans le tableau ci-après.

(¹) Au niveau de 548 mètres, il y a deux bouveaux de nord parallèles ; l'un sert au retour d'air b de la Séreuse et se termine au point X, l'autre sert à l'exploitation des dressants du nord, qu'il alimente au moyen du courant d'air a'.

DÉSIGNATION des expériences.	SECTION DE PUITS ou de la galerie. (Mètres carrés.)	VITESSE DU COURANT par seconde. (Mètres.)	VOLUME DU COURANT par seconde. (Mètres cubes.)	TEMPÉRATURE du courant	TEMPÉRATURE de l'eau	TEMPÉRATURE de la roche (¹).	TEMPÉRATURE de l'air à la surface.	TEMPÉRATURE de l'air à la sortie du ventilateur	DURÉE de l'expérience.	NOMBRE DE MÈTRES parcourus par le courant au point où a eu lieu l'expérience.	NOMBRE d'ouvriers et de chevaux sur le passage du courant.	NOMBRE DE LAMPES sur le passage du courant.
1re Exp. Dans le puits aux échelles, courant C (au jour)	1,30	1,00	1,300	14°,50	»	»	14°,50	15°,00	4 heures de relevé.			
2e Exp. Dans le puits d'extraction, niveau de 207 mètres, courants A et B	12,60	1,26	15,876	16°,50	10°,30	»	13°,00	15°,50	10 heures du matin.	207m de puits.		
3e Exp. Bouveau d'aérage à 207 mètres, courants a''' et a'v	2,32	4,30	9,976	17°,50	17°,50	18°,75	13°,00	»	11 heures.	348m de puits, 1100 de galer.	163 ouv., 5 chevaux.	173
4e Exp. Pied du touret à 509 mètres, courant a'v	»	»	5,881	18°,50	»	»	15°,25	»	11 1/2 heures.	348m de puits, 1000 de galer.	165 ouv., 5 ânes.	17
5e Exp. Bouveau d'avalage à 309 mètres, courant a'v	5,15	0,44	2,266	19°,50	»	20°,50	15°,25	»	11 3/4 id.	348m de puits, 1020 de galer.	165 ouv., 5 ânes.	170
6e Exp. Accrochage à 309 mét. (²).	»	»	»	17°,50	»	»	16°,00	»	12 h. midi.			
7e Exp. Retour d'air du Samain à 309 mètres, courant a'''	1,65	3,00	4,950	18°,00	»	20°,50	15°,50	»	12 1/2 heures.	348m de puits, 685 de galeries.	119 ouv., 5 chevaux.	124
8e Exp. Retour d'air du Samain, courant a'''	»	»	»	19°,50	»	»	»	»		348m de puits, 385 de galeries.	119 ouv., 5 chevaux.	124
9e Exp. Bouveau sud à 348 mètres, courants a'v et a'''	3,24	1,13	4,212	15°,30	15°,90	15°,30	15°,50	»	11/2 h. du rel.	348m de puits, 60 de galeries.	8 ouvriers.	9
10e Exp. Accrochage à 348 mètres, courants a et a' (³).	6,50	1,10	7,900	15°,75	»	»	16°,25	»	1 3/4 heure.	»	»	»
11e Exp. Bouveau nord à 348 mètres, courant a'	1,61	1,86	2,994	12°,50	12°,50	13°,00	13°,50	»	2 1/4 id.	348m de puits, 90 de galeries.	10 ouvriers.	11
12e Exp. Retour de Cinq-Paulmes à 348 mètres, courant b'	2,295	2,30	5,278	17°,50	»	19°,00	13°,50	»	2 heures.	404m de puits, 425 de galeries.	169 ouv., 12 ânes.	114
13e Exp. Retour d'air, Grande-Séreuse à 348 mètres, courant b.	»	»	»	18°,00	»	»	»	»		404m de puits, 790 de galeries.	40 ouv., 2 ânes.	48
14e Exp. Bouveau de Cinq-Paulmes à 404 mètres, courant b'.	3,65	1,11	4,029	14°,00	»	14°,75	15°,00	»	2 3/4 heures.	404m de puits, 100 de galeries.	10 ouvriers.	11
15e Exp. Bouveau Séreuse à 404 mètres, courants b et b'.	3,05	2,93	8,936	12°,50	12°,50	14°,00	13°,00	»	3 heures.	404m de puits, 60 de galeries.	10 ouvriers.	11
16e Exp. Bouveau de nord, à 404 mètres, partie des courants b et b'.	4,00	0,828	0,111	10°,50	»	17°,00	14°,50	»	3 1/4 heures.	404m de puits, 90 de galeries.	4 ouvriers.	5
17e Exp. Accrochage à 404 mètres, courants b et b' (⁴).	5,58	1,60	8,936	13°,75	»	»	14°,00	»	3 1/2 id.	»	»	»
18e Exp. Puits d'extraction à 207 mètres	»	»	»	13°,50	»	»	14°,50	15°,00	3 3/4 id.			

OBSERVATIONS.

(²) Les trous de Sourei qui ont été faits dans la roche avaient 1 mèt. de profondeur.

Le volume des trois courants A, B, C qui alimentaient toute la mine, s'élève à 17m3,776.

(²) La température trouvée à l'accrochage de 309 mètres, peut être considérée comme étant la même que celle du puits en ce point, parce que la communication n'a pas eu communication avec les travaux.

(³) Il retombe un peu d'eau dans le puits d'extraction à partir de 309 mètres.

(⁴) Il ressemble beaucoup d'eau dans le puits à partir de 348 mètres, jusqu'à 404 mét.

En portant le cube des subdivisions des courants A, B à la sortie des exploitations on trouve :

a''' stère. 0=5,015
a'v .... 2=3,258 } 15m3,051
b' .... 2=3,278
b'' .... 2=5,311

En ajoutant cette quantité le courant C du puits aux échelles, on trouve 15m3,851, près de 90 mètres cubes pour le courant, lorsqu'il a passé sur les chantiers.

La valeur a'v provient de la différence entre le courant a''' du Samain, après qu'il a passé dans l'exploitation (7e Exp.) Déduction faite de l'augmentation due à la température et au gaz, et de la valeur des courants a'v et a''' trouvés à 348 mètres.

(1re Exp.) L'extraction journalière par ce puits s'élève à 1500 hectolitres de houille.

Il résulte de ces diverses expériences :

1° Que la ventilation, dans les conditions indiquées, exerce une telle influence, qu'avec les moyens d'aérage employés et jusqu'à la profondeur de 404 mètres, on neutralise à peu près complétement l'augmentation de température que devrait produire la chaleur naturelle dè la roche ; voir les expériences n°s 2, 6, 10, 17 et 18, dans lesquelles on remarque :

N° 2. Température de l'air de la mine à 207ᵐ. 16°,50
     Id.   id.   à la surface. 15°,00
          Différence en plus. —— 1°,50
N° 6. Température de l'air de la mine à 309ᵐ. . 17°,50
     Id.   id. -   à la surface. 16°,00
          Différence en plus. —— 1°,50
N° 10. Température de l'air de la mine dans l'accrochage à 348 mètres . . . . . : . 15°,75
  Température de l'air à la surface . . . 16°,25
          Différence en moins. —— 0°,50
N° 17. Température de l'air à l'accrochage à 404ᵐ. 13°,75
     Id.   surface . . . . 14°,50
          Différence en moins. —— 0°,75
N° 18. Température de l'air à 207ᵐ dans le puits d'extraction P (2ᵉ expérience). . . . 15°,50
  Température de l'air à la surface. . . . 14°,50
          Différence en plus. ——1°,00

On voit par ces expériences que l'augmentation de la température n'a été que de 1° à 1°,50 jusqu'à l'accrochage à 309 mètres ; qu'en arrivant à la profondeur de 404 il y a eu une différence en sens contraire, c'est-à-dire que la température y a été plus basse qu'à la surface de 0°,75, à la même heure, et plus basse aussi que celle qui a été observée, également à la même heure, dans le puits à 207 mètres. Ce phénomène, que nous avons déjà constaté plus haut au charbonnage de la Blanchisserie, tient à ce qu'il tombe beaucoup d'eau dans le puits à partir du niveau de 309 mètres, et que la température de cette eau à 207 mètres est de 10°,50. Ce refroidissement tenait aussi à une autre cause : c'est que la température d'un même courant, en différents points de son parcours, diminue en raison directe de sa vitesse, comme le prouvent les expériences 9, 10 et 11, sur les courants a et a' et leurs subdivisions.

En effet on a trouvé :

10e *Expérience :* qu'à l'accrochage à 348^m, pour une vitesse de 1^m,10, les courants a et a' réunis, avaient une température de. . . . . 15°,75

9e *Expérience :* qu'au bouveau sud, le courant a, pour une vitesse de 1^m,15, avait une température de . . . 15°,50

11e *Expérience :* qu'au bouveau nord, pour une vitesse de 1^m,86, la température du courant a' s'abaissait à . . 12°,50

Les expériences 14, 15, 16, 17 sur les deux courants b et b' sont encore plus concluantes que celles qui précèdent, car on voit :

17e *Expérience :* qu'à l'accrochage à 404^m, les deux courants b et b', pour une vitesse de 1^m,60, avaient une température de . . . . 13°,75

15e *Expérience :* que les deux mêmes courants, à 60^m plus loin dans le bouveau sud, après avoir passé sur dix ouvriers et onze lampes, avaient, pour une vitesse de 2^m,93, une température de . . . . 12°,50

14e *Expérience :* que dans le bouveau de Cinq-Paulmes, le courant b', après avoir abandonné celui de la Séreuse b et pour une vitesse de 1^m,11, avait atteint la température de. . . . . 14°,00

16e *Expérience :* que dans le bouveau de nord, à 404^m, lequel est encore en creusement, qui vient d'atteindre une couche et où l'aérage est puisé dans les deux courants b et b' à l'accrochage, au moyen de tuyaux en tôle, puis rejeté ensuite dans le même accrochage, avec une vitesse de 0^m,028 seulement, la température à l'extrémité du bouveau s'est élevée à. . . . . 16°,50

On peut encore constater le même fait sur le retour d'air de Samain a''' (7e et 8e exp.), et sur le retour du même courant a''', réuni à une partie des courants a' et b, au bouveau de nord, à 207 mètres (3ᵉ et 5ᵉ exp.).

2° Enfin, il résulte des mêmes expériences, que la température de la roche à 1 mètre de profondeur, n'est guère plus élevée que celle du courant avec lequel elle est en contact, que de 0°,50 à 2°,50, et que par conséquent la filtration des eaux, la ventilation et l'évaporation qu'elle produit refroidissent considérablement cette roche jusqu'à une assez grande profondeur. Ainsi, à l'étage de 404 mètres, courants b et b', la température du terrain n'est que de 14°, tandis que suivant la loi présumée cette température devrait être de 23° à 24°.

Les conclusions générales que je me crois fondé à tirer de toutes ces expériences, sont les suivantes :

1° Dans les exploitations de houille, la masse d'eau qui descend dans les travaux en traversant les couches supérieures du terrain, l'évaporation de cette eau et la ventilation, abaissent considérablement la température normale du niveau dans lequel les travaux s'exécutent.

2° Par l'activité de la ventilation et par les causes indiquées ci-dessus, l'accroissement naturel de température de la terre, à mesure que l'on s'enfonce dans son sein, et le développement de chaleur dû à la présence des ouvriers, des chevaux et des lumières, peuvent être victorieusement combattus, au point de permettre les travaux ordinaires d'exploitation, sans incommodité, jusqu'à une profondeur qu'il est, quant à présent, impossible de déterminer, mais qui, j'en ai la conviction, dépasse de beaucoup 1,000 mètres.

3° Enfin, si l'on arrivait jusqu'à une profondeur telle que la température devînt un grave obstacle à la continuation des travaux, on parviendrait encore à refroidir considérablement l'air de la mine, et par suite la masse de terrain qu'il traverse, en faisant passer le courant à travers une suite de tamis à larges mailles sur lesquels on ferait ruisseler de l'eau, ou à travers des galeries étroites et rendues artificiellement humides. Cela n'exigerait qu'un léger surcroît de force motrice appliquée au ventilateur.

A l'appui de ces prévisions, je citerai encore les exemples suivants, qui datent d'une époque où la ventilation des mines était fort imparfaite, et où l'on se contentait généralement de l'aérage spontané.

1° Un puits de mines, actuellement abandonné, à Kuttenberg, en Bohême, était arrivé à l'énorme profondeur absolue de 1151 mètres (¹), (note 24 du 1ᵉʳ vol. du Cosmos de M. de Humboldt, édition belge).

2° A Saint-Daniel et à Geist, sur le Roererbuhel (district de Kitzbuhl) les travaux étaient parvenus, dans le xvıᵉ siècle, à 947 mètres (même note).

3° En Tyrol, la montagne de Falkenstein, formée de calcaire et de schiste argileux et située près de Schwatz, un peu au-dessous d'Inspruck, dans la vallée de l'Inn, contient des mines de cuivre argentifère. A l'une d'elles, celle de *Kütz-Pühl*, les travaux avaient, en 1759, au rapport de MM. Jars et Duhamel, 1,000 mètres de profondeur et passaient pour les plus profonds de l'Europe; mais il était question de les abandonner. (*Coup-d'œil sur les mines*, par Élie de Beaumont; Paris, 1824.)

DE L'EXTRACTION A LA PROFONDEUR DE 1,000 MÈTRES.

Jusqu'à présent, les meilleurs appareils que l'on ait employés pour l'extraction de la houille, sont les cages, qui ont remplacé très-avantageusement les tonnes ou cuffats, même quand ils sont guidés, et qui présentent sur ceux-ci les avantages suivants :

1° La houille est amenée, sans transbordement, de la taille

(¹) On dit que la température au fond était de 37° centigrades.

à la surface, ce qui évite le bris des gros morceaux dont le prix est bien supérieur à celui du menu ;

2° Elles permettent de tirer plus de houille par un même puits et, par conséquent, de réduire le nombre de siéges d'exploitation en activité, ainsi que les frais généraux qui, pour un puits, ne varient guère avec la quantité de houille qu'il fournit ;

3° La manœuvre de chargement et de déchargement s'y fait plus rapidement, et s'exécute aussi avec moins de danger pour les ouvriers ou ouvrières qui en sont chargés ;

4° La détérioration des chariots y est moindre que quand ils déversent leur charge dans les tonnes, car ils ne sont plus exposés aux chocs brusques et aux rudes frottements qui accompagnent toujours cette opération ;

5° Il tombe moins de charbon dans le bas du puits (ou potelle), lequel n'a plus besoin d'être nettoyé aussi souvent des débris de houille et de matières détachées des parois du puits ;

6° On peut placer dans une cage plus d'ouvriers et, par conséquent, amener plus rapidement la totalité des travailleurs au fond ou à la surface, lorsque l'ascension et la descente se font par ce moyen ;

7° Elles présentent plus de facilité pour l'envoi et la distribution des bois destinés au service de la mine ; pour la descente des chevaux employés au transport intérieur, laquelle se fait dans une cage spéciale, et enfin pour l'appréciation du travail des ouvriers à la veine et de la qualité du charbon fourni par chacune des tailles.

On a bien proposé, depuis quelque temps, d'autres appareils mieux appropriés, au moins théoriquement, à l'extraction d'une grande quantité de houille par le même puits, à la remonte et à la descente des ouvriers, mais, jusqu'à présent, aucun de ces appareils n'a été essayé sur une grande échelle, et il est impossible de se prononcer sur la valeur absolue et relative de ces nouveaux perfectionnements. Il n'y a que l'appareil de **M. Mehu** (¹) qui ait été appliqué jusqu'aujourd'hui, mais les résultats qu'il a fournis sont insuffisants pour constater la supériorité pratique de ce mode d'élévation des charges, sur lequel je reviendrait plus tard.

Aussi, pour ne proposer que des moyens dont la réussite est certaine et que la pratique a déjà éprouvés, je m'en tiendrai à l'emploi des cages pour l'extraction à la profondeur de 1,000 mètres, comme le meilleur, le plus sûr et celui dont les résultats sont les plus avantageux, à l'heure où j'écris ces lignes.

De plus, pour ne point sortir du champ de la certitude absolue, je supposerai que l'on emploie un appareil en tout semblable à celui qui est monté sur le puits nº 12 du Grand-Hornu, lequel est le plus perfectionné que je connaisse et qui sert à peu près de type aux nouvelles machines que l'on construit actuellement, à la position des machines motrices près ; ces machines motrices y sont verticales, tandis que dans d'autres appareils on les a placées horizontalement.

Plus loin, j'indiquerai les dimensions principales ainsi que les effets de cette machine qui, certes, n'est pas la plus puissante que l'on puisse construire et qui n'est pas le dernier mot des cages employées comme moyen d'extraction ; et je montrerai que ce même appareil appliqué à une exploitation portée à la profondeur de 1,000 mètres pour une extraction de 6,000 hectolitres en dix ou onze heures de travail, n'aurait point des dimensions excessives, ni comme câbles, ni comme noyaux de bobines, ni comme machine motrice.

Je montrerai, en un mot, qu'il ne présenterait rien qui ne pût être exécuté et qui ne pût fonctionner sans plus d'inconvénients que dans les appareils employés aujourd'hui.

Je n'insisterai pas sur la description de l'appareil à molettes dont la disposition diffère un peu de celles que l'on a employées jusqu'à présent, mais qui présente tous les mêmes éléments de transmission de mouvement, ce qui est la seule

(¹) Ponson, tome 3, page 327.

chose véritablement importante dans le cas qui nous occupe. Du reste, les dispositions connues et décrites dans les traités d'exploitation des mines, fourniraient les mêmes résultats en les établissant avec une solidité suffisante. Il n'y a de différence que dans le mode de communication de mouvement des machines motrices aux bobines, et j'aurai soin de l'exposer plus loin.

Des câbles. — Je supposerai que l'on emploie comme aujourd'hui des câbles en aloès que l'on préfère aux câbles en chanvre, parce qu'ils durent plus longtemps dans les puits humides, ou des câbles plats en fils de fer, et qu'on n'enlève du fond que la même charge qu'à Hornu.

Voici les détails de cette charge :

Poids de la cage avec chaînes et anneaux d'accrochage. 1180 kil.
   Id. des huit waggons qu'elle emporte simultanément.   960 »
   Id. de la charge utile (4 hectolitres de 85 kilog. par waggon) . . . . 2720 »

            Charge totale au bout du câble . . . 4860 kil.

Câbles d'aloès. — 100 mètres de cordes d'aloès pèsent, moyennement, 10 kilog. par centimètre carré de section et la charge, par centimètre carré, qui produit la rupture est, en moyenne, de 650 kilog.

J'admettrai, comme on le fait aujourd'hui pour les câbles d'extraction, que, dans la pratique, une corde ne doit porter en aucun point de sa longueur, plus de $\frac{1}{7}$ à $\frac{1}{6}$ de sa charge de rupture. Les câbles employés ne devront donc porter, au *maximum*, que 108 kilog, par centimètre carré, ou $\frac{1}{6}$ de cette charge de rupture.

Comme, d'autre part, une longueur de corde de 100 mètres pèse 10 kilog, par centimètre carré, il en résulte qu'un câble de 100 mètres de longueur et de section constante, ne devra porter que 98 kilog. par centimètre carré à sa partie inférieure; soit en nombre rond 100 kilog.

De plus, comme à la profondeur de 1,000 mètres, il est

impossible d'employer des câbles à section constante, je supposerai que la section de ceux-ci varie de 100 mètres en 100 mètres; de sorte qu'en partant du bas, lorsque ces câbles sont entièrement développés dans le puits, le haut de la première longueur de 100 mètres portera la charge de 4,860 kilogrammes, plus son propre poids; le haut de la deuxième partie portera 4,860 kilog., plus le poids de la première partie, plus son propre poids, et ainsi de suite.

C'est de cette façon qu'ont été calculés les chiffres inscrits dans le tableau suivant, qui présente les dimensions successives d'un câble sur toute sa longueur.

LON-GUEUR du câble depuis le bas.	CHARGE à l'extré-mité du câble.	POIDS de la totalité du câble jusqu'en haut de la partie de 100 mèt. calculée.	POIDS de la partie de 100 mèt. dont on calcule la section pour supporter la charge. inférieure	CHARGE totale jusqu'au point dont on calcule la section.	CABLE		
					Section.	Largeur présumée.	Épaisseur présumée.
Mètres.	Kilog.	Kilog.	Kilog.	Kilog.	Mètres carr.	Centimèt.	Centimèt.
100	4,860	540	540	5,400	0,005400	18,00	3,00
200	4,860	1,140	600	6,000	0,006000	19,00	3,15
300	4,860	1,806	666	6,666	0,006666	20,50	3,25
400	4,860	2,546	740	7,406	0,007406	22,00	3,36
500	4,860	3,369	823	8,229	0,008229	23,00	3,57
600	4,860	4,283	914	9,143	0,009143	24,00	3,80
700	4,860	5,298	1,013	10,158	0,010158	25,00	4,06
800	4,860	6,426	1,128	11,286	0,011286	26,00	4,53
900	4,860	7,680	1,254	12,540	0,012540	27,00	4,64
1,000	4,860	9,073	1,393	13,933	0,013933	27,86	5,00

Toute la partie du câble comprise entre les bobines et les molettes, aurait la même section que les derniers 100 mètres (27,86 sur 5,00), et il en serait de même de la petite longueur qui ne se déroule jamais sur les bobines.

Câbles de fils de fer. — Je tire du traité d'exploitation des mines de M. Combes ([1]), les renseignements suivants que j'adopterai à défaut d'autres plus récents :

Les câbles de fils de fer, fabriqués à Clausthal, sont formés de 12 fils de $0^m,00335$ de diamètre, et pèsent avec l'enduit dont ils sont pénétrés et recouverts, $0^k,916$ par mètre courant. Les fils ont présenté à l'essai une résistance absolue de 516 kilogrammes.

Ces câbles présentaient donc une résistance absolue de 53 kilog. par millimètre carré de fils et, par fil, un poids de $7^k,63$ par 100 mètres de longueur de câble.

Si nous les chargeons, comme plus haut, de $^1/_6$ de l'effort de rupture ou de $\dfrac{516^k}{6} = 86^k$, par fil, la partie inférieure de chaque fil de 100 mètres de longueur ne devra porter que $86-7,63=78^k,37$, en lui supposant la même résistance dans le cordage que quand il est essayé isolément; soit en nombre rond 80 kilog.

Je procéderai encore ici comme plus haut, en supposant que la section du câble varie de 100 mètres en 100 mètres, que ce câble est plat au lieu d'être rond, et que le haut de chaque partie de 100 mètres de longueur supporte son propre poids, plus le poids de la charge et du câble inférieur.

C'est ainsi que j'ai formé le tableau suivant dans lequel le nombre de fils a été forcé quand il n'était pas entier.

____

([1]) Édition belge, tome 3, page 124.

LONGUEUR du câble depuis le bas.	CHARGE à l'extrémité du câble.	POIDS de la totalité du câble jusqu'en haut de la partie de 100 mètres calculée.	POIDS de la partie de 100 mètres dont on calcule le nombre de fils pour supporter la charge inférieure.	CHARGE totale jusqu'au point dont on calcule le nombre de fils.	NOMBRE de fils dans la longueur de 100 mèt. indiquée.	ÉPAISSEUR proposée pour le câble plat.
Mètres.	Kil.	Kil.	Kil.	Kil.		Mètres.
100	4860	465,65	465,65	5325,65	61	0,0100
200	4860	976,84	511,21	5836,84	67	0,0109
300	4860	1541,46	564,62	6401,46	74	0,0118
400	4860	2159,49	618,03	7019,49	81	0,0125
500	4860	2830,93	671,44	7690,93	88	0,0132
600	4860	3571,04	740,11	8431,04	97	0,0140
700	4860	4389,82	808,78	9249,82	106	0,0148
800	4860	5274,90	885,08	10134,90	116	0,0155
900	4860	6245,91	969,01	11103,91	127	0,0165
1000	4860	7303,48	1060,57	12163,48	139	0,0175

En comparant les résultats consignés dans les tableaux ci-dessus, on trouve :

1° Que chargés jusqu'à même la limite, les deux câbles, pour la profondeur de 1000 mètres, et abstraction faite de la partie qui ne se développe jamais dans le puits, ont des poids qui sont dans le rapport de 9,073 kilog. à 7,303 kilog.; de sorte que les câbles de fils de fer présentent, sous ce rapport, un avantage considérable sur les câbles d'aloès ;

2° Que les dimensions de ces câbles ne sont point exorbi-

tantes et ne sortent pas des limites d'une fabrication courante.
Il est vrai que j'ai adopté la plus grande charge qu'on leur
fasse communément supporter dans la pratique, $^1/_6$ de l'effort
qui peut les rompre; mais un grand nombre de câbles ont
rendu d'excellents services dans ces conditions, et il est probable qu'on les adoptera généralement pour l'extraction à
de grandes profondeurs. Dans tous les cas, on pourrait augmenter encore sans inconvénient leurs dimensions, si on
voulait plus de sécurité, surtout celles des câbles de fils de
fer.

Il faut aussi remarquer que dans l'exemple que j'ai adopté
d'une charge totale 4,860 kil. à l'extrémité de ces câbles, la
charge utile n'est que de 2,720 kil., que le surplus, 2,140 kil.,
est un poids mort qui, très-probablement, pourrait être un
peu diminué, en employant des matériaux de premier choix,
et que l'on peut cesser de monter et descendre les ouvriers
par cette voie, ce qui arriverait si on possédait un appareil
spécial pour ce dernier service. Il en résulterait que les sections successives des câbles deviendraient encore plus faibles
pour enlever la même charge utile, ou qu'avec les mêmes sections on élèverait une charge utile plus considérable, puis
enfin que l'on craindrait moins la rupture de ces câbles, ce
qui permettrait de les employer un peu plus longtemps.

Un examen attentif des sections successives des câbles de
fils de fer et d'aloés, fait encore reconnaître qu'au delà de
la profondeur de 1,000 mètres, les sections du haut des câbles d'aloès deviendraient bientôt trop considérables, que
les câbles de fils de fer seraient alors les seuls possibles, et
qu'en général ces derniers présenteront des avantages qui
croîtront avec la profondeur au delà des limites que l'on a at-
teintes aujourd'hui.

Les reproches plus au moins fondés qu'on leur a faits jusqu'à présent, s'évanouiront sans aucun doute, lorsque, sous
la pression de la nécessité, l'expérience aura appris quelles
sont les meilleures qualités et dimensions des fils qu'il faudra

employer, ainsi que les conditions les plus favorables à leur
conservation et à leur emploi journalier ; au reste, il existe
déjà une multitude d'exemples d'une très-longue durée de ces
câbles sans aucun accident.

Des machines motrices. — L'appareil d'extraction du puits
n° 12 du Grand-Hornu, se compose de deux machines motrices verticales, agissant directement sur deux manivelles placées à angle droit aux extrémités de l'arbre des bobines.
Celui-ci est soutenu à une grande hauteur par deux poutres
de fonte encastrées aux deux bouts dans des murs solides, et
soutenues en outre par deux paires de colonnes qui servent
en même temps à guider les tiges des pistons. Il n'y a point
de volant, les bobines et toute la charge qui pèse sur leur
arbre en font un peu l'office et l'on a reconnu que le degré de
régularité que l'on obtenait ainsi était suffisant.

Les câbles passent des bobines sur les molettes, qui n'offrent
aucune autre particularité importante qu'un grand diamètre,
et soutiennent chacun une cage à quatre étages, recevant
deux chariots à chacun de ces étages. Comme il n'y a que
deux voies à des hauteurs différentes qui aboutissent à deux
étages de la cage, il faut, après avoir amené le premier et le
troisième étage de cette cage, au niveau de ces voies, pour en
tirer les chariots pleins et les remplacer par des chariots
vides, remonter la cage d'un étage pour faire la même opération au deuxième et au quatrième, les étages étant comptés
en commençant par le haut. Cette manœuvre se fait vite et
bien, par des moyens qu'il est inutile de rappeler ici, parce
qu'il suffit que l'on sache que leur efficacité est certaine, et
elle s'exécute en même temps au fond où l'on remplace les
chariots vides par des chariots pleins, mais sans changer la
position de la cage, dont les quatre étages correspondent à
quatre galeries particulières.

Voici, sur cette machine, les renseignements les plus importants qui la concernent ; ils nous serviront de guides
dans la recherche des conditions d'établissement d'un appa-

rcil semblable, pour opérer l'extraction à la profondeur de 1,000 mètres.

Diamètre des cylindres à vapeur. . . . . $0^m,75$
Course des pistons . . . . $2^m,10$
Diamètre des noyaux de bobines au départ. . . . $3^m,886$
Profondeur du puits . . . . $555^m,00$
Charge utile élevée (32 hectolitres de 85 kilog. envi-
   ron chacun) . . . . $2720^k,00$
Nombre de tours des bobines pour une ascension. . $24,00$
Coups de pistons pour une ascension . . . . . $96,00$

Pendant les 19 premiers tours des bobines ou les 76 premiers coups de pistons, la pression de la vapeur est de 2,1 atmosphères effectives le long d'un chemin de $1^m,83$ environ, et de 2 atmosphères le long du reste de la course, $0^m,27$.

Pendant les 5 derniers tours des bobines, ou les 20 derniers coups de pistons, la pression effective n'est que de 1,60 atmosphères le long d'un chemin de $1^m,83$ comme plus haut, et de 1,5 atmosphère le long des $0^m,27$ qui restent.

Les pressions ont été mesurées avec un manomètre de Bourdon placé sur les cylindres.

On voit d'abord, par la diminution du travail à la fin d'une ascension, que les noyaux des bobines ont un trop grand diamètre et qu'ils n'ont point été calculés pour régulariser ce travail pendant toute la durée d'une opération; mais cet inconvénient est compensé par une plus longue durée des câbles qui ne sont point infléchis sur une circonférence de si petit rayon et par une diminution dans leur raideur. Du reste, les machines sont assez vigoureusement constituées pour supporter, sans grave dommage, ces variations dans les efforts transmis.

Si on calcule, d'après les méthodes ordinaires, le travail théorique des machines motrices, on trouve, pour un coup de piston, pendant les 19 premiers tours :

$2^{atm},1 \cdot 10335^k \; [\, 0,785 \; (\, 0^m,75\,)^2\,] \; 1^m,83 \; + \; 2^{atm}.10335$
$$[0,785 \; (0^m,75)^2] \; 0^m,27 = 20000^{km} \text{ en nombre rond.}$$

Soit pour les 19 tours, ou 76 coups de pistons, 1520000 kilogrammètres.

Pour un coup de piston pendant les derniers tours :

$1^{atm},6 \cdot 10335^k \; [0,785 \; (0^m,75)^2] \; 1^m,83 \; + \; 1^{atm},5 \cdot 10335$
$$[0,785 \; (0,75)^2] \; 0^m,27 = 15207^{km}.$$

Soit pour les 5 tours, ou 20 coups de piston, 304140 kilogrammètres.

Travail total pour une ascension :

$$1520000 + 304140 = 1,824,140 \text{ kilogrammètres.}$$

D'autre part :

La charge utile élevée est de. . . . . , . . 2720
La hauteur d'élévation de . . . . 355^m

donc le travail utilisé est de $2720.355 = 965600^{km}$, et le coefficient d'effet utile de $\dfrac{965600}{1824140} = 0,52$.

Les 0,48 du travail théorique qui sont perdus, ont servi à surmonter les frottements, les raideurs des câbles, etc., et aussi l'excédant de la contrepression des pistons sur la pression atmosphérique, parce qu'il faut chasser avec vitesse, dans l'atmosphère, la vapeur qui vient de produire son travail.

Ces machines élèvent une charge en 95 à 105 secondes, et, en cas de forte presse, en 80 secondes ; de sorte que leur puissance pratique est :

1° Pour l'élévation en 105″ de $\dfrac{965600}{105.75} = 122,22$ chevaux.

2° Pour l'élévation en 80″ de $\dfrac{965600}{80.75} = 160,93$ chevaux.

La durée d'une manœuvre de chargement et de déchargement d'une cage, est ordinairement de 30 à 35 secondes, et elle peut, dans un cas pressant, être faite en 20 secondes. Pendant ce temps, les chaudières font provision de vapeur pour enlever plus facilement l'excédant de charge que l'appareil présente au commencement d'une opération, par suite du grand diamètre des noyaux des bobines.

Cet emmagasinement de vapeur, entre deux opérations, permet généralement de donner aux noyaux des bobines un diamètre un peu plus grand que celui qui correspond à une bonne régularisation du travail de la résistance.

Ces bases pratiques étant posées, il sera facile de les appliquer au cas de l'extraction à la profondeur de 1,000 mètres.

Diamètres des noyaux des bobines. — On obtient une très-grande régularité dans le travail de la résistance, pendant une ascension complète, en donnant aux noyaux des bobines [1] un diamètre tel que le moment effectif de la résistance soit le même au commencement et à la fin d'une opération. On trouve alors, par une analyse attentive des variations que subit ce moment pendant toute la durée de cette opération, et lorsque les câbles sont à sections décroissantes, que dans ce cas, il est un peu plus faible que le moment moyen, au départ et à l'arrivée de la charge, puis, qu'il prend quatre fois, dans une ascension, la valeur de ce moment moyen, et ne s'en écarte que faiblement dans les intervalles.

Pour satisfaire à cette condition d'égalité des moments effectifs au départ et à l'arrivée des charges, j'emploierai les formules :

$$\text{et} \quad \frac{(P+p+Q)\,r - pR = (P+p)\,R - (p+Q)\,r}{\pi R^2 - \pi r^2 = Le,}$$

rappelées dans l'ouvrage de M. Ponson, tome 3, page 237, et relatives aux câbles à section constante.

[1] On entend par noyau des bobines, le cylindre sur lequel le câble s'enroule, au commencement d'une ascension. Il peut être formé du noyau primitif calé sur l'arbre des bobines et de quelques tours de câble qui ne se déroulent jamais.

P exprime la charge utile.

p id.   le poids mort à l'extrémité du câble.

Q   id.   le poids total du câble développé dans le puits.

L   id.   la profondeur du puits.

r id.   le rayon d'enroulement des câbles, au départ.

R   id.   id.   id.   à l'arrivée.

e id.   l'épaisseur constante du câble.

Mais comme les câbles dont nous nous servons ici, ont une épaisseur qui varie 10 fois, l'expression Le, qui forme le second membre de la deuxième équation, devra être remplacée par la surface que représentent, sur le flanc des bobines, les 1,000 mètres de câble d'épaisseur variable, qui s'enroulent dans une ascension, ou par l'expression :

$$(l+l_1)\,e + l\,(e' + e'' + e''' + e^{IV} + e^{V} + e^{VI} + e^{VII} + e^{VIII}) + (l - l_1)\,e^{IX}.$$

dans laquelle :

l exprime la longueur de chaque partie du câble, d'épaisseur constante, soit 100 mètres.

l_1 la longueur de câble comprise entre les bobines et la charge quand elle est au sommet de sa course; soit ici 30 mètres.

e^{IX} l'épaisseur du câble à son extrémité inférieure.

e^{VIII}, e^{VII}, e^{VI}, e^{V}, e^{IV}, e''', e'', e', e les épaisseurs successives de bas en haut.

Les deux équations dont nous nous servirons sont donc :

$$(P + p + Q)\,r - p R = (P + p)\,R - (p + Q)\,r$$

$$\text{et } \pi R^2 - \pi r^2 = (l + l_1)e + l(e' + e'' + e''' + e^{IV} + e^{V} + e^{VI} + e^{VII} + e^{VIII}) + (l - l_1)\,e^{IX}.$$

d'où l'on tire :

$$r = \frac{P + 2p}{2} \sqrt{\frac{(l + l_1)\,e + l\,(e' + e'' + e''' + e^{IV} + e^{V} + e^{VI} + e^{VII} + e^{VIII}) + (l - l_1)\,e^{IX}}{\pi Q\,(P + 2p + Q)}} \qquad (1)$$

Dans le cas qui nous occupe, on a :

$P=2720$ kil., $p=2140$ kil., $l=100$ mètres, $l_1=30$ mètres.
$Q=9073$ kil. pour le câble d'aloès, et $Q=7303$ kil. pour le câble de fils de fer ; et de plus :

$e^{ix}=$ p^r le câble d'aloès $0^m,0300$ et p^r le câble de fils de fer $0^m,0100$

$e^{viii}=$	id.	$0^m,0315$	id.	$0^m,0109$
$e^{vii}=$	id.	$0^m,0325$	id.	$0^m,0118$
$e^{vi}=$	id.	$0^m,0336$	id.	$0^m,0125$
$e^{v}=$	id.	$0^m,0357$	id.	$0^m,0132$
$e^{iv}=$	id.	$0^m,0380$	id.	$0^m,0140$
$e'''=$	id.	$0^m,0406$	id.	$0^m,0148$
$e''=$	id.	$0^m,0433$	id.	$0^m,0155$
$e'=$	id.	$0^m,0464$	id.	$0^m,0165$
$e=$	id.	$0^m,0500$	id.	$0^m,0175$

En substituant successivement ces valeurs dans l'expression (1), on trouve :

1° Pour le câble d'aloès, $r=1^m,005$.

2° Pour le câble de fils de fer, $r=0^m,720$.

Dans la pratique, on pourrait adopter des rayons de noyaux un peu plus considérables que ceux-ci, à cause de la provision de vapeur et de l'accroissement de pression qui se font dans les chaudières entre deux opérations. Mais cet accroissement devra être d'autant plus faible que l'exploitation sera plus profonde, parce que ces intervalles entre deux ascensions deviendront très-courts relativement à la durée d'une opération, lorsque l'on atteindra, par exemple, la profondeur de 1,000 mètres.

Puissance et conditions de marche des machines motrices, à la profondeur de 1,000 mètres. — Pour une extraction à une grande profondeur avec des cages parfaitement guidées, il n'y aura aucun inconvénient à adopter une grande vitesse d'ascension des charges. A Hornu, la vitesse moyenne s'élève jusqu'à $4^m,44$ par seconde, et il n'est pas douteux que l'on n'atteigne très-aisément une vitesse moyenne de 6 mètres, quand on élèvera les charges à la hauteur de 1,000 mètres.

J'adopterai donc cette vitesse. La durée d'une escension sera alors de $\dfrac{1000}{6}$ = 166,66 secondes.

En supposant, d'autre part, que la manœuvre de chargement et de déchargement exige 33,33 secondes, on trouve une durée totale de 200 secondes pour une opération complète.

Enfin, l'extraction journalière devant être de 6000 hectolitres par charge de 32, il faudra $\dfrac{6000}{32}$ = 187 à 188 ascensions, soit 188, et ces 188 ascensions exigeront 188.200 = 37600 secondes ou 10 heures $^1/_2$. De sorte que si l'on veut consacrer 12 heures par jour à l'extraction, il restera encore une large part aux petits accidents qui se produisent généralement.

Quand à la puissance des deux machines motrices, qui doivent élever 2720 kilog. à 1000 mètres en 200″, elle sera évidemment de :

$$\dfrac{2720000^{km}}{200 \cdot 75} = 181 \text{ à } 182 \text{ chevaux pratiques (}^1\text{).}$$

Il faut remarquer que, dans cet appareil, les raideurs de cordes et les frottements seront plus considérables que dans celui d'Hornu, parce que les câbles ont de plus fortes dimensions à leur partie supérieure et que les efforts transversaux sur les arbres des bobines et des molettes seront plus grands ; aussi, au lieu d'adopter le coefficient d'effet utile 0,52 qu'a fourni l'appareil d'Hornu, je proposerai d'adopter celui de 0,45 seulement.

Malgré cette différence dans l'effet utile présumé, on voit que les dimensions de ces machines motrices ne seront que

---

(^{1}) Il y a ici une erreur dans l'appréciation de la puissance des machines; pendant qu'elles fonctionnent, c'est-à-dire pendant 166,66 secondes et non pendant 200 secondes qui comprennent le temps d'arrêt, leur travail est de $\dfrac{2720000}{166,66 \cdot 75} = 217$ à 218 chevaux. Au reste cela ne modifie en rien les considérations qui suivent.   (*Note de l'auteur.*)

très-peu supérieures à célles des machines d'Hornu ; il suffira
de quelques centimètres en plus sur le diamètre et la course
des pistons, même en supposant que l'on n'emploie pas de
vapeur à une tension supérieure à 2,1 atmosphères, laquelle
est assez faible pour une machine sans condensation.

Enfin, il est probable que l'on remplacerait aisément une
petite partie du poids mort suspendu à l'extrémité du câble,
par quelques hectolitres de charbon, ce qui augmenterait
l'effet utile de l'appareil et le chiffre de l'extraction, sans
changer notablement les conditions de marche des machines
motrices dont on augmenterait légèrement le travail.

Il est, je pense, inutile d'insister sur les détails de construction de tout l'appareil ; celle-ci est évidemment possible
et n'offre pas plus de difficultés que celle de la machine
d'Hornu, puisqu'il n'y entre point d'éléments dont les dimensions soient exagérées. Seulement la transmission de mouvement à l'arbre des bobines, au lieu de se faire directement,
ce qui est le cas le plus favorable, pourrait se faire par engrenages, si l'on ne parvenait point à imprimer directement à cet
arbre un mouvement de rotation assez rapide, pour atteindre
une vitesse moyenne de 6 mètres dans l'ascension des
charges ; et les cylindres moteurs, au lieu d'être placés verticalement, pourraient être placés horizontalement, comme on
le fait aujourd'hui au charbonnage d'Hornu-Wasmes pour un
appareil analogue à celui du Grand-Hornu.

Cette dernière disposition semble même plus compatible
avec une bonne stabilité et l'économie des frais de premier
établissement, quoique la disposition adoptée à Hornu n'ait,
jusqu'à présent, présenté aucun inconvénient propre et offre
une stabilité suffisante.

DE L'ÉPUISEMENT A LA PROFONDEUR DE 1000 MÈTRES.

Dans l'état actuel de la science, au point de vue théorique
et au point de vue pratique, le meilleur appareil pour tirer
les eaux du fond des mines, consiste en une machine à vapeur à simple effet et à traction directe, posée sur le puits
d'épuisement. La tige du piston traverse le fond du cylindre
et soulève directement une lourde maîtresse-tige qui règne
du haut en bas du puits. A la partie inférieure de cette maîtresse-tige, on attache la tige du piston d'une pompe aspirante élévatoire qui porte l'eau dans une première bâche ;
puis, de distance en distance, on relie à cette même maîtresse-
tige les pistons cylindriques de pompes foulantes qui élèvent
l'eau d'étage en étage jusqu'à ce qu'elle arrive à la surface.
L'eau, dans la pompe élévatoire, est élevée pendant l'ascension de la tige et, dans la série des pompes foulantes, elle est
refoulée pendant la descente et par le poids même de cette
maîtresse-tige.

La pompe élévatoire n'élève l'eau que jusqu'à 20 ou 30 mètres, parce que son piston doit recevoir une assez grande
vitesse pendant la course ascendante, qui se fait plus vite que
la course descendante, et parce que ce piston, dont on ne
peut, à chaque instant, vérifier l'état, comme celui des cylindres plongeurs, expose à des fuites qui croissent avec la
hauteur de la colonne qu'il soulève et aussi avec la vitesse
imprimée à cette colonne.

Quand aux pompes foulantes, chacune élève l'eau à une
hauteur de 50 mètres à 65 mètres, limites que la pratique a
indiquées comme les plus avantageuses. En donnant moins
de hauteur à ces étages, on multiplierait trop les pistons,
clapets, corps de pompes, etc., qui coûtent cher d'établissement et d'entretien, et l'on augmenterait les chances de dérangement ainsi que les pertes de travail moteur par frottement, fuites, etc. D'un autre côté, lorsque les colonnes sont

trop hautes, il faut des tuyaux plus épais, des joints mieux faits; les chocs produits par la fermeture des clapets sous l'influence de la colonne qui pèse sur eux, deviennent plus énergiques, se transforment en véritables coups de bélier qui ébranlent tout l'appareil et peuvent occasionner des ruptures; et enfin les clapets et pistons ne présentent plus les mêmes garanties de résistance et d'obturation complète.

L'expérience semble avoir prononcé à ce sujet et indiqué les limites que j'ai posées ci-dessus, au moins tant que le système de pompes ne sera pas radicalement transformé, principalement au point de vue des moyens d'ouvrir et de fermer la communication des corps de pompes avec les colonnes d'eau au commencement et à la fin de la course des pistons.

Pour démontrer que l'épuisement des mines, à la profondeur de 1,000 mètres au moins, est possible par les moyens actuellement en usage et ne présente aucune difficulté sérieuse, je me placerai dans un cas particulier que j'ai déjà indiqué au commencement de ce mémoire, l'élévation de 2630 à 2640 mètres cubes d'eau par 24 heures, du bas en haut du puits sans réservoir intermédiaire. Cela équivaut à 131 à 132 mètres cubes par heure et pendant 20 heures de travail, et peut se faire avec des pistons ayant 0^m, 40 de diamètre, 3^m,50 de course et fournissant 5 excursions par minute.

Je suppose, pour ne pas entrer dans une série de considérations qui n'auraient ici aucune importance, que ces pompes fournissent le volume théorique, parce que si d'un côté il y a des fuites, il se produit de l'autre un phénomène qui en atténue et, le plus souvent, en fait disparaître tous les effets; c'est qu'à la fin de la course des pistons, l'eau, dans les colonnes d'ascension, continue à monter par la vitesse acquise et produit, dans tout l'appareil, l'effet d'une continuation de la course de ces pistons, parfois au point de se déverser au sommet de ces colonnes en plus grande quantité que celle qu'indique la course et le diamètre des pistons. Cet effet est d'autant plus prononcé que la vitesse est plus grande.

Enfin, je n'entrerai dans aucun détail sur les moyens d'exécution des différentes parties de l'appareil d'épuisement, parce que l'on verra, à l'aide de considérations rationnelles sur les dimensions de toutes les parties principales, que ces dimensions ne sont point en dehors des limites dans lesquelles la pratique a prononcé la possibilité d'exécution, et que, du reste, je ne suppose aucune modification importante dans la disposition des bons appareils existants, tels qu'ils sont décrits dans les traités récents d'exploitation des mines.

Données du problème :

Profondeur . . . . 1000^m
Volume d'eau à élever par heure . . . . . 131 à 132^{m3}
Course de la maîtresse-tige . . . . 3^{m}50
Coups de piston par minute 5
Hauteur de la colonne inférieure élévatoire . . 20^m
Hauteur de la colonne totale des pompes foulantes. 980^m
Nombre d'étages de pompes 16
Hauteur de chaque étage $\frac{980}{16}$. . . . . . . 61^m,25

De ces données, on tire, par le calcul, les résultats suivants :

Volume d'eau par coup de piston $\frac{132^{m3}}{5.60}$ = . . . 0^{m3},44

Section des pistons $\frac{0,44}{3,50}$ = ... 0^{m2}1257

Diamètre de ces pistons . , ... 0^m,40
Poids de la colonne d'eau qui correspond à un
étage de pompe foulante = ... 7692 kil.
Poids de la colonne d'eau qui correspond à l'étage
de la pompe élévatoire = ... 2514 kil.
Poids de toute la colonne du haut en bas du puits = 125,586 kil.
Effet utile, ou travail pratique de la machine :
$$\frac{125586^k . 3^m,50 . 5}{60} = 36630^{km} \text{ par seconde}$$; soit 488 chevaux pratiques.

On a construit, pour l'épuisement, des machines capables d'une puissance supérieure à 488 chevaux, quoiqu'elles n'aient jamais eu l'occasion de la développer, au moins en Belgique.

Maîtresse-tige. — Cette partie si importante d'une machine d'épuisement a été généralement, jusqu'aujourd'hui, assez mal calculée; quelques-unes des pièces qui la composent supportent des efforts de tension, et d'autres des efforts alternatifs de tension et de refoulement, ce qui oblige à multiplier les guides dans la hauteur des puits, expose à des déviations et tend à désunir les assemblages. Je n'ai trouvé nulle part de méthode rationnelle pour déterminer les dimensions des différentes parties d'une maîtresse-tige dont on a fait, jusqu'à présent, varier la section assez arbitrairement ; c'est pourquoi j'insisterai d'une façon toute particulière sur les meilleures conditions d'établissement de cet organe mécanique, et j'essayerai de poser quelques règles de construction dont l'importance me semble devoir grandir à mesure que les mines deviendront plus profondes.

Quand on aura porté l'exploitation à une très-grande profondeur, il conviendra probablement de s'imposer l'obligation *de ne faire subir, à toutes les parties d'une maîtresse-tige, que des efforts de tension.* Cela sera très-avantageux à la substitution du fer au bois, dans la construction de ce puissant communicateur du mouvement, et fera disparaître, en grande partie, les variations que les efforts alternatifs de pression et de tension combinés avec un relâchement accidentel des assemblages, peuvent produire dans sa longueur lorsqu'elle est considérable. Cet effet pourrait devenir très-prononcé à la partie inférieure de cette tige, si on la construisait comme aujourd'hui, et amener de telles différences entre les courses des pistons, que les pompes inférieures cesseraient d'alimenter suffisamment les pompes supérieures.

Pour satisfaire à la condition d'établissement que je viens de poser, il faut évidemment que la tige de la pompe élévatoire soit assez pesante pour refouler, par son poids, l'eau de la première pompe foulante qui se trouve au-dessus, en comprenant dans ce poids celui du piston de cette pompe fou-

lante ; que l'étage de maîtresse-tige qui correspond à la colonne de cette dernière pompe, et tout l'attirail du deuxième
piston foulant, soient assez lourds pour élever l'eau de la
deuxième pompe foulante, et ainsi de suite ; c'est-à-dire que
toutes les parties de la maîtresse-tige correspondantes à chaque
étage de pompe, doivent peser *effectivement* le même poids
pour soulever, chacune, la colonne de l'étage immédiatement
supérieur.

Mais comme, d'autre part, pendant le soulèvement de la
maîtresse-tige, chaque partie porte le poids de toutes les
parties inférieures, il arrivera qu'en donnant à chacune de
ces parties la section nécessaire pour qu'elle supporte avec
sécurité le poids de celles qui sont dessous, elles auront toutes
des sections et des poids inégaux. Au bas, les portions de
maîtresse-tige correspondantes à un étage de pompe seront
trop légères pour produire le refoulement dans la colonne
immédiatement supérieure, tandis que, vers le haut, elles seront trop lourdes. Il faudra donc attacher, en certains points,
des masses additionnelles, puis équilibrer, d'une manière
quelconque, les parties trop pesantes, de manière à ne laisser
à chacune que le poids effectif nécessaire au refoulement de
la colonne qui se trouve directement au-dessus.

Je vais appliquer ce principe au cas particulier que j'ai choisi,
et la méthode que je suivrai pourra servir de règle générale.

La colonne totale refoulée a une hauteur de 980 mètres,
$0^m,40$ de diamètre et pèse 123,072 kilog.

D'autre part, la maîtresse-tige, d'après une règle assez
généralement adoptée par les constructeurs, doit peser effectivement environ un dixième de plus que la colonne d'eau,
pour surmonter toutes les résistances nuisibles et imprimer
la vitesse. Donc l'excédant de poids de cette maîtresse-tige
avec ses masses additionnelles, sur les contre-poids, sera de
$123072 + 12307 = 135379$ kilog.

Mais, pendant l'ascension, la machine motrice doit surmonter, non-seulement cet excès de poids, mais encore celui

de la colonne de la pompe élévatoire, plus les frottements correspondants; soit $2514^k + 251,4 = 2765^k$. Donc le haut de la maîtresse-tige ainsi que la tige du piston moteur, supporteront un effort de traction égal à $135379 + 2765 = 138144$ kilog. [1].

Il faut remarquer que de bas en haut les quinze premiers étages de maîtresse-tige avec la tige de la pompe élévatoire sont seuls employés à produire le refoulement, le seizième ou dernier n'ayant point de corps de pompe au-dessus, doit être entièrement contrebalancé; il en résulte que ces quinze étages, plus la tige de la pompe élévatoire, doivent peser effectivement le poids de $135,379$ kilog. indiqué ci-dessus, et que le dernier étage, contrebalancé par le haut, devra porter à son sommet, au point d'attache des contre-poids, ce poids de $135,379$ kilog., plus son propre poids. C'est donc au bas de ce dernier étage que la tige supporte le même effort que le piston de la machine motrice, c'est-à-dire $138,144$ kilog.; plus haut et jusqu'au point d'attache des contre-poids, sa tension sera plus grande pendant l'ascension.

Si l'on emploie, pour former cette maîtresse-tige, du sapin jaune de Riga, qui est capable de supporter, avant de rompre, un effort de traction de 840 kil. en moyenne, par centimètre carré, et qu'on ne veuille charger aucune partie de cette tige de plus de $^1/_{15}$ de l'effort qui la ferait rompre, ce qui est largement suffisant dans la pratique, sa section au bas de l'étage supérieur sera, en la désignant par S :

$$\frac{840.S}{15} = 138144^k, \text{ d'où } S = 2466 \text{ centimètres carrés.}$$

Ce qui équivant à un carré de $49,65$ centimètres de côté.

On pourrait la former de quatre pièces de 25 centimètres d'équarrissage, assemblées deux à deux et formant deux tiges parallèles, maintenues par des fourrures, à une distance telle qu'il y ait place entre elles pour les corps de pompes. Rien

[1] Je néglige ici tous les autres frottements qui obligent à une tension un peu plus considérable, ainsi que la résistance due à l'inertie (*Note de l'auteur*).

ainsi ne tendrait à déranger la verticalité du mouvement [1].

Je supposerai que la section change d'étage en étage, et en se rappelant que chacune des seize premières parties, y compris la tige de la pompe élévatoire, doit peser effectivement, soit à l'aide de surcharge, soit à l'aide de contre-poids, environ $7692^k + 769,2 = 8461^k$; qu'aucune partie ne doit porter plus de $^1/_{16}$ de la charge de rupture, et que chacune de ces parties doit supporter, pendant l'élévation, le poids de la colonne élévatoire, soit 2,765 kilog. avec les résistances passives, plus le poids des parties inférieures; en se rappelant, dis-je, ces bases de calcul, je trouve pour sections successives des différents étages considérés comme commençant au point d'attache d'un cylindre plongeur et finissant au point d'attache du cylindre inférieur :

$$1^o \frac{2765.15}{840} + \frac{8461.15}{840} = 200,4622,$$ soit l'équivalent d'une tige de 14,16 de côté. (Centimètres carrés — Cent.)

$$2^o \frac{2765.15}{840} + \frac{2.8461.15}{840} = 351,5534$$ id. 18,75 id.

		Centimètres carrés.		Cent.	
3° en continuant de la même façon		502,6426	id.	22,42	id.
4°	id.	655,7318	id.	25,57	id.
5°	id.	804,8210	id.	28,37	id.
6°	id.	955,9102	id.	30,92	id.
7°	id.	1106,9996	id.	33,27	id.
8°	id.	1258,0886	id.	35,47	id.
9°	id.	1409,1778	id.	37,54	id.
10°	id.	1560,2670	id.	39,50	id.
11°	id.	1711,3562	id.	41,56	id.
12°	id.	1862,4454	id.	43,19	id.
13°	id.	2013,5346	id.	44,87	id.
14°	id.	2164,6238	id.	46,52	id.
15°	id.	2315,7130	id.	48,12	id.
16°	id.	2466,8022	id.	49,65	id.

[1] D'après des renseignements recueillis depuis la publication de la première édition de ce mémoire, il vaudrait mieux que les quatre pièces de $0^m,25$, ne formassent qu'une seule tige bifurquée seulement aux points d'attache des pistons. Les tiges jumelles du haut en bas sont exposées à être inégalement tendues. *(Note de l'auteur.)*

Je ferai remarquer que le premier étage n'est que le sommet de la tige de la pompe élévatoire, comptée jusqu'au point immédiatement relié au premier cylindre plongeur, et que le tableau ne comprend en conséquence que quinze étages de maîtresse-tige proprement dite.

Le dix-septième ou le dernier étage de maîtresse-tige aura la même section que le seizième, plus ce qui est nécessaire pour supporter son propre poids. Il ne sert qu'à la transmission de l'effort du piston moteur à tout l'attirail inférieur.

Il y a cependant encore une remarque importante à faire, c'est que si, au lieu de contrebalancer directement chaque partie de tige trop lourde pour refouler la colonne supérieure, on contrebalançait le tout par le haut, comme on le fait généralement en Belgique, toutes les parties qui sont au-dessus de celle qui a été précisément assez pesante pour refouler la colonne qui lui incombe, supporteraient une tension plus forte que celle que j'ai indiquée pour le cas où elles sont immédiatement contrebalancées. Chacune de ces parties aurait alors à supporter le poids des parties inférieures non-soulagées de la portion de ce poids qui doit être contrebalancée, et il serait facile de faire aux calculs précédents les corrections correspondantes à ces poids de tiges non contrebalancées, après avoir, comme je le ferai plus loin, déterminé le poids absolu de chacune d'elles.

Poids des différentes parties de la maîtresse-tige. — Poids du mètre cube de sapin mouillé, environ　　　660 kil.
　　　　Id.　　　　　du fer,　　　　id.　　　7700 kil.
Coefficient de rupture du fer, par centimètre
carré, environ. . . . . 5000 kil.

Le sapin portant 840 kil. par centimètre carré de section, avant de rompre, et le fer 5000 kil., il en résulte que, sous les mêmes dimensions transversales, la résistance du fer est $\dfrac{5000}{840} = 5{,}95$ fois celle du sapin ; donc les bandes de fer méplat, ou clames, qui unissent les pièces de sapin bout à bout, devront avoir $\dfrac{1}{5,95}$ de la section de ces pièces.

D'autre part, le mètre courant d'une pièce de sapin de un mètre carré de section, pesant 660 kil., et le mètre courant d'une pièce de fer de même résistance pesant $\dfrac{7700^{k}}{5,95} =$ 1294 kil., il en résulte que chaque mètre courant de clames équivaut, pour la même résistance, à $\dfrac{1294}{660} = 1,96$ mètres de sapin.

Si maintenant je suppose que chaque étage de maîtresse-tige, de $61^{m},25$ de hauteur, est formé de 4 pièces de sapin posées bout à bout, il y aura 4 assemblages ; et si, de plus, j'admets que les clames qui forment chaque assemblage, ont une longueur de 6^{m}, en évaluant en longueur de clames les boulons qui réunissent les pièces assemblées, on voit que le fer des quatre assemblages équivaudra, en poids, à : $4.6.1,96 = 47^{m}$ de tige correspondante en sapin.

Je pourrai donc, dans l'évaluation du poids de chaque étage de tige, négliger le poids des armatures, en considérant chacune de ces parties qui ont $61^{m}, 25$ de hauteur effective, comme ayant une longueur de $61,25 + 47 = 108^{m},25$, et comme uniquement composée de pièces de sapin. De plus, au poids de chacune de ces divisions de la maîtresse-tige, il faudra ajouter celui du piston de la pompe immédiatement supérieure avec son attirail ; poids que je crois pouvoir évaluer assez approximativement à 1800 kilogrammes.

Ces bases admises, il sera facile de calculer le poids des parties de la maîtresse-tige ayant les dimensions que j'ai déterminées ci-dessus, en observant que le poids de la tige de la pompe élévatoire avec le piston et l'armure de la première pompe foulante, et avec sa surcharge placée sous cette pompe foulante, doit être de 8461 kil., déduction faite du poids du volume d'eau que cette tige déplace dans la colonne de la pompe élévatoire.

Quant à la section de cette dernière tige qui porte sa surcharge tout au sommet, elle peut être assez faible, car il
suffit qu'elle soit capable de soulever une colonne d'eau de
20^m de hauteur seulement.

Poids du 1er étage de maîtresse-tige avec le piston et l'armure supérieure :

$$1800+108,25 \ . \ 660 \ . \ 0^{m3},03515 = . \ 4312\,\text{kil.}$$

Poids du 2^e $\quad$ 1800+108,25 . 660 . 0,05026 $\quad$ = . 5390

Id. $\quad$ 3e 1800+108,25 . 660 . 0,06557 $\quad$ = . 6470

Id. $\quad$ 4e 1800+108,25 . 660 . 0,08048 $\quad$ = . 7550

Id. $\quad$ 5e 1800+108,25 . 660 . 0,09559 $\quad$ = . 8631

Id. $\quad$ 6^e 1800+108,25 . 660 . 0,11070 $\quad$ = . 9709

Id. $\quad$ 7^e 1800+108,25 . 660 . 0,12581 $\quad$ = . 10788

Id. $\quad$ 8^e 1800+108,25 . 660 . 0,14092 $\quad$ = . 11868

Id. $\quad$ 9^e 1800+108,25 . 660 . 0,15602 $\quad$ = . 12947

Id. $\quad$ 10^e 1800+108,25 . 660 . 0,17114 $\quad$ = . 14027

Id. $\quad$ 11^e 1800+108,25 . 660 . 0,18624 $\quad$ = . 15101

Id. $\quad$ 12^e 1800+108,25 . 660 . 0,20135 $\quad$ = . 16185

Id. $\quad$ 13e 1800+108,25 . 660 . 0,21446 $\quad$ = . 17264

Id. $\quad$ 14e 1800+108,25 . 660 . 0,23157 $\quad$ = . 18344

Id. $\quad$ 15e 1800+108,25 . 660 . 0,24668 $\quad$ = . 19423

Total. $\quad$. 178009 kil.

Donc, depuis le bas de la maîtresse-tige sur la tête du premier piston foulant, c'est-à-dire sans le poids de celui-ci et
de la tige de la pompe élévatoire, jusqu'au-dessus du piston
de la 16e pompe foulante, le poids de cette maîtresse-tige
avec les 15 pistons qu'elle porte, sera de 178009 kil.

Quant au poids de la dernière partie, qui est entièrement
équilibrée et qui doit porter tout l'excédant du poids destiné à produire le refoulement, plus la colonne de la pompe
élévatoire, lesquels sont de 138144 kil., plus son propre
poids, sa section S sera, en mètre carré :

$$\frac{15 \ . \ 138144}{8400000} + \frac{108,25 \ . \ 660 \ . \ S \ . \ 15}{8400000} = S$$

d'où $S = \dfrac{138144}{488555} = 0^{m2}2827$; soit un carré de 0^m,5317 de côté.

Et cette partie de la tige pèsera sans piston :

$$0^{m2},2827 \cdot 108,25 \cdot 660 = 20197 \text{ kil.}$$

En comparant le poids des différents étages de maîtresse-tige qui correspondent aux étages de pompes, à la charge effective de 8461 kil., nécessaire pour produire le refoulement de l'eau dans la colonne supérieure, et en évaluant à environ 800 kil. le poids effectif de la tige de la pompe élévatoire qui ne supporte qu'un faible effort, parce que sa surcharge est placée le plus près possible de la première pompe foulante, on trouve successivement :

Tige de la pompe élévatoire : surcharge, y compris les pièces accessoires de construction, et non compris le piston de la 1re pompe foulante.

8461—800—1800=	5861 kil.
1er *Étage de pompe foulante :* surcharge 8461—4512=	4149
2e *Étage*, 8461—5390=	5071
3e *Étage*, 8461—6470=	1991
4e Id. 8461—7550=	911
Somme des surcharges. . .	15983 kil.
5e Id. 8461—8631=différence négative . . .	170

Cette différence est trop faible pour être équilibrée directement ; on pourra l'équilibrer à l'étage supérieur :

6e *Étage*, contrepoids, 170^k+9709^k — 8461^k= . .	1418 kil.
7e id.	id.	10788 — 8461 = . .	2327
8e id.	id.	11868 — 8461 = . .	3407
9e id.	id.	12947 — 8461 = . .	4486
10e id.	id.	14027 — 8461 = . .	5566
11e id.	id.	15101 — 8461 = . .	6640
12e id.	id.	16185 — 8461 = . .	7724
13e id.	id.	17264 — 8461 = . .	8803
14e id.	id.	18344 — 8461 = . .	9883
15e id.	id.	19423 — 8461 = . .	10962
16e id.	id.	20197 qui doivent être entièrement contre-balancés	20197
Somme des contrepoids = . .	81415 kil.

Telles seraient les valeurs des surcharges et contre-poids
qui réduiraient la maîtresse-tige à ses moindres dimensions
sans diminuer sa résistance et en satisfaisant à cette condition que je regarde comme importante, de n'agir en aucun
point que par tension.

Si, au lieu d'équilibrer directement chaque étage de maîtresse-tige comme je viens de l'indiquer, soit à l'aide de
balanciers à contre-poids placés dans des chambres étroites
pratiquées dans les parois du puits, soit à l'aide de pompes
foulantes sans soupapes comme on le fait dans les mines du
Cornwall, on voulait, suivant la coutume généralement adoptée en Belgique, équilibrer le tout à la surface, il faudrait
des maîtresses-tiges bien plus considérables et de plus forts
contre-poids, sans que la sécurité en fût accrue.

En effet, jusqu'à l'étage n° 5 inclusivement, tout resterait
dans le même état que plus haut; mais, à partir de cet étage,
chaque partie de la tige devrait porter, outre la charge jusqu'à cet étage n° 5, le poids entier des tiges comprises entre
ce n° 5 et celui où elle se trouve, l'excédant de poids de ces
tiges n'étant plus contrebalancé.

On voit aisément, à l'inspection des tableaux qui précèdent,
que jusqu'au 9ᵉ ou 10ᵉ étage, c'est-à-dire jusqu'à la profondeur d'environ 600ᵐ, l'inconvénient d'équilibrer la totalité
de l'excédant de poids de la maîtresse-tige, par le haut seulement, ne sera pas très-grand et qu'il n'en résultera qu'un
assez faible accroissement dans la section des parties supérieures de cette tige, mais qu'au delà de cette limite, l'obligation d'équilibrer, sinon à chaque étage, au moins en quelques points de la hauteur, deviendra plus impérieuse à mesure
que le puits deviendra plus profond.

Machine motrice. — L'effet utile que la machine motrice
doit produire est de 488 chevaux, en cinq coups de piston
par minute ; soit par coup de piston :

$$\frac{488 \cdot 75 \cdot 60}{5} = 439200 \text{ kilogrammètres.}$$

Or, l'effet utile, dans les machines d'épuisement puissantes, peut atteindre facilement 0,70 du travail absolu de la vapeur dans le cylindre ; ce travail absolu serait donc, par coup de piston, de :

$$439200 \frac{100}{70} = 627428 \text{ kilogrammètres.}$$

Si je suppose que l'on emploie de la vapeur à 3 ½ atmosphères effectives dans les chaudières, que la machine soit à condensation sans détente, que la pression dans le condenseur soit abaissée seulement jusqu'à ⅛ d'atmosphère, parce que l'on se servirait d'un condenseur particulier sur lequel je reviendrai tout à l'heure, et que la surface du piston soit désignée par S, il vient :

$$3^{\text{m}},50 \, . \, S \left(4,5 \, . \, 10335 - \frac{10335}{3} \right) = 627428 \text{ kilogrammètres.}$$

d'où S = 4,1629 mètres carrés.

Ce qui donne un diamètre de $2^{\text{m}},302$ qui ne sort point des limites dans lesquelles la construction n'offre aucune difficulté sérieuse.

L'appareil de condensation dont il vient d'être question est celui de M. Letoret, décrit dans le tome 3, page 589, du *Traité d'exploitation* de M. Ponson. Ses avantages principaux sont : de n'avoir point de piston et par conséquent d'être soustrait aux principales chances de dérangement et de chômage que présentent les pompes à air ordinaires ; de coûter peu de construction, parce qu'il est d'une grande simplicité ; et de n'exiger que la même quantité d'eau pour produire la condensation quelle que soit la tension de la vapeur, c'est-à-dire quelque puissance que l'on veuille développer avec un même appareil en augmentant la tension de la vapeur employée.

Cette dernière propriété peut devenir très-précieuse dans les machines qui doivent extraire les eaux à une grande

profondeur, parce que leur puissance doit croître proportionnellement à cette profondeur, sans que le volume d'eau
qu'elles élèvent, et qui doit servir à condenser, soit augmenté. Il est vrai que les appareils avec pompe à air pourraient offrir le même avantage, en plaçant sur le tuyau qui
conduit la vapeur du cylindre au condenseur, une soupape
qui laisserait passer dans l'atmosphère une quantité de
vapeur telle que la tension de celle qui se rend au condenseur ne dépassât point une atmosphère; mais je ne crois pas
que ceci ait jamais été fait, même dans les circonstances où
le manque d'eau froide devenait un obstacle au bon effet des
machines.

Les inconvénients de la disposition de M. Letoret sont :

1° De ne faire qu'un vide moins parfait que les pompes à
air, parce que l'eau froide n'y arrive que par intermittence
et que la tension de la vapeur doit s'y maintenir pendant
quelques instants, après chaque coup de piston, à une limite
supérieure à la tension atmosphérique, pour produire l'évacuation, ce qui amène un retard dans la condensation et par
suite une contre-pression moyenne plus considérable derrière
le piston à vapeur; c'est pour cela que je n'ai supposé qu'un
abaissement jusqu'à $\frac{1}{2}$ d'atmosphère dans la machine calculée
ci-dessus ;

2° De ne permettre la détente que jusqu'à une limite telle
que la tension de la vapeur, à la fin de la course du piston,
soit encore notablement supérieure à la tension atmosphérique, sans quoi l'évacuation des produits de la condensation
ne se ferait pas; mais cet inconvénient n'est qu'apparent,
car je montrerai plus loin que, pour le cas d'un épuisement
à une grande profondeur, on ne fera que sobrement usage
de la détente.

Ce mode de condensation n'est qu'une heureuse modification de l'ancienne condensation de Newcomen, qui se faisait
dans le cylindre à vapeur même; c'est le même principe
d'évacuation appliqué dans un vase séparé, ce qui évite le

refroidissement du cylindre à vapeur et fait ainsi disparaître le vice le plus grave de ce procédé d'évacuation.

Malgré ces inconvénients, les avantages de cet appareil, qui fonctionne sans dépense de force motrice, et qui n'expose que rarement ou jamais à des chômages pour réparation, ont paru assez grands pour le faire préférer à la pompe à air, dans toutes les machines d'épuisement, à condensation, construites dans ces derniers temps, et je le préfère aussi à tout autre, au moins pour ce genre d'application, car son action ne serait pas assez rapide pour une machine à mouvement de rotation et à double effet.

Avant de terminer ce que j'ai à dire de l'épuisement, il reste encore à présenter quelques considérations sur les conditions de marche de la machine motrice et leur influence sur celles d'établissement de la maîtresse-tige.

Dans les machines à détente, l'action de la vapeur, au commencement de la course, est plus considérable que les résistances, autres que l'inertie, qui s'opposent à l'ascension de la maîtresse-tige; il en résulte une accélération de vitesse qui se continue jusqu'en un certain point où la tension de la vapeur devient seulement suffisante pour faire équilibre à ces résistances; c'est ce que l'on pourrait nommer le *point d'équilibre*. Au delà de ce point, le travail de la puissance motrice, pendant tout le reste de la course, est inférieur à celui qu'absorbent les résistances qui ne continuent à être surmontées qu'à l'aide de la vitesse acquise par toutes les masses en mouvement, ou plutôt par la restitution du travail que ces masses, par leur inertie, ont emmagasiné pendant la première période du mouvement. De plus, cette accélération de vitesse ne peut dépasser une certaine limite *maxima*, au point d'équilibre, sans danger pour l'appareil, dans lequel il se produirait alors, au commencement de la course, des chocs, des coups de bélier qui pourraient amener de graves accidents; il faut donc que la grandeur des masses en mouvement soit telle qu'elles puissent emmagasiner tout l'excédant du travail moteur sur le travail résistant jusqu'au point d'équilibre, sans que leur vitesse dépasse cette limite *maxima*.

Après examen attentif de plusieurs machines dans lesquelles la vitesse a été poussée jusqu'à produire ces fâcheux effets de chocs, de coups de bélier, à un degré insuffisant, il est vrai, pour produire de graves accidents, je pense que si l'ont veut demeurer dans de bonnes conditions de marche, sans secousses, et obtenir une vitesse assez lentement croissante jusqu'au point d'équilibre, il ne convient pas de fixer la limite supérieure de cette vitesse à plus de $2^m,50$ environ.

A l'aide de ces données, il serait possible de déterminer exactement le chiffre de la détente que l'on pourrait adopter pour la machine calculée ci-dessus, sans danger pour la partie de l'appareil qui élève l'eau, à la condition, bien entendu, d'augmenter en conséquence le diamètre du cylindre à vapeur, afin d'obtenir le même travail dans une course.

En effet, le poids de la masse totale en mouvement, à l'instant où le piston arrive au point d'équilibre, est :

1° Poids de la colonne de la pompe élévatoire. .   2514 kil.
2° Poids de la maîtresse-tige avec ses surcharges. 216789
3° Poids des contre-poids   81413

Total. . 300715 kil.

En supposant que la vitesse de toutes ces masses soit égale au *maximum* de $2^m,50$ que j'ai adopté, le travail qu'elles posséderaient à l'état de force vive, serait de :

$$\frac{300716\ (2^m.50)^2}{19.26} = 95794 \text{ kilogrammètres},$$

tandis que le travail absolu de la vapeur dans une course est de 627428 kilogrammètres ; et il suffirait maintenant, à l'aide de quelques tâtonnements, de chercher le chiffre de détente qui, pour un travail total de 627428 kilogrammètres pendant une course entière, fournirait un excédant de 95794

kilogrammètres de travail moteur sur le travail résistant, jusqu'au point d'équilibre qu'il faudrait également déterminer.

Lorsque les masses en mouvement ne sont pas suffisantes
pour emmagasiner la différence entre le travail moteur et le
travail résistant jusqu'au point d'équilibre sans atteindre
une vitesse qui pourrait devenir dangereuse, il faut rechar-
ger la maîtresse-tige et les balanciers à contre-poids, de nouvelles masses qui se font équilibre, jusqu'à ce que l'on ait fait
disparaître ces trop rapides accélérations.

On pourrait arriver au même résultat, à l'aide d'un volant
disposé comme dans la figure jointe au mémoire.

Le haut de la maîtresse-tige, un peu au-dessous du point
où elle est reliée à la tige du piston moteur, porterait deux
forts câbles plats de fils de fer, s'enroulant en sens inverse
sur une poulie portée par un arbre horizontal, de manière à
produire l'effet d'un engrenage et d'une crémaillère. L'extrémité du même arbre porterait un volant logé dans un ren-
foncement de la paroi du puits et caché par une cloison, pour
éviter les accidents. Il est clair qu'un tel volant emmagasine-
rait le travail comme les masses qu'il faudrait ajouter à la
maîtresse-tige et aux contre-poids, et qu'il s'arrêterait à la fin
de chaque course. De plus, si le rayon de la jante était, par
exemple, quatre fois celui de la poulie, cette jante prendrait
une vitesse quatre fois plus grande que celle de la maîtresse-
tige et des contre-poids, et pourrait emmagasiner, par
1000 kilog., seize fois plus de travail, ou le même travail
avec seize fois moins de poids. Donc 1000 kilog. de jante
produiraient exactement le même effet que 16000 kilog.
ajoutés, 8000 à la maîtresse-tige et 8000 aux contre-poids
ayant même vitesse que la maîtresse-tige.

Ce moyen simple, commode et économique d'introduire la
détente dans les machinesd'épuisement, n'a été, jusqu'aujourd'hui, proposé ni essayé nulle part, et cependant il produirait une notable économie de combustible, en beaucoup
de circonstances.

Malgré les avantages que l'on retire de l'emploi de la détente dans les machines d'épuisement, il faut remarquer que, pour détendre beaucoup, il est nécessaire d'augmenter les dimensions du cylindre et par suite les difficultés de construction, et que, d'autre part, l'excès d'effort sur les résistances, au commencement de la course, produit une accélération rapide de la vitesse qui met toutes les parties de la maîtresse-tige dans d'autres conditions de tension que lorsqu'on emploie de la vapeur à pression constante, à cause de l'action plus prononcée de l'inertie de la matière qui offre une résistance proportionnelle aux accélérations de vitesse dans le même temps; et ces conséquences se manifestent avec d'autant plus d'énergie, que l'on détend davantage. Il en résulte que pour pousser la détente jusqu'à huit à dix fois le volume primitif de la vapeur, limite que l'on a atteinte dans les machines de Cornwall, par exemple, il faudrait, à la profondeur de 1000 mètres, des cylindres d'un diamètre impossible dans la plupart des cas, et d'énormes maîtresses-tiges, à moins que toute la surcharge des contre-poids et de cette maîtresse-tige, pour permettre une semblable détente, ne fût placée au sommet du puits sous le piston moteur, parce qu'alors toute la partie au-dessous de ce point se comporterait à peu près comme si cette détente n'avait pas lieu; ou à moins que l'on n'employât le volant dont je viens de parler.

Aussi, je suis convaincu que, plus l'épuisement se fera à de grandes profondeurs, moins on songera à détendre au delà de la limite indiquée naturellement par le poids de la maîtresse-tige et des contre-poids, calculé pour satisfaire aux bonnes conditions de fonctionnement de cette maîtresse-tige, et sans aucun excédant.

Dans ces conditions, que j'ai indiquées plus haut, l'épuisement à la profondeur de 1000 mètres et même au delà, sera possible sans que l'on soit entraîné dans les inextricables difficultés de construction qui pourraient résulter des dimensions considérables de toutes les parties principales de l'appareil d'épuisement.

DE L'AÉRAGE A LA PROFONDEUR DE 1000 MÈTRES.

L'importance d'une ventilation énergique n'a été nulle part aussi vivement sentie qu'en Belgique, où la faible épaisseur des couches, et, par suite, la petite section des galeries souterraines, ne permettaient pas le renouvellement de l'air dans les travaux, par l'action des causes naturelles, avec autant d'efficacité que dans les mines qui présentent des couches épaisses et de larges excavations, comme, par exemple, les mines d'Angleterre; aussi je crois indispensable de discuter ici les différents moyens employés pour produire cette ventilation dans nos exploitations.

L'air, dans les mines de houille, est altéré par la soustraction d'une partie de son oxygène et par des mélanges d'autres gaz. L'oxygène est absorbé par la respiration des ouvriers et la combustion des lumières qui fournissent le carbone nécessaire à la formation de l'acide carbonique, puis par la décomposition chimique de quelques autres substances, mais cette dernière cause d'altération de l'air est, relativement, très-faible.

Les gaz qui se mêlent à l'air et le rendent impropre à la respiration sont le plus ordinairement l'acide carbonique, l'hydrogène proto-carboné et, plus rarement, l'hydrogène sulfuré, qui sortent des fissures et cavités du terrain, de la vapeur d'eau, et, dans quelques circonstances, les produits de la déflagration de la poudre, et enfin quelques autres de moindre importance.

On ne peut assainir les mines et toutes les excavations souterraines, qu'en délayant les gaz nuisibles dans une masse d'air atmosphérique, suffisante pour les rendre inoffensifs; c'est-à-dire par une ventilation continue qui sert en même temps à abaisser la température jusqu'à une limite qui la rende supportable aux travailleurs.

Cette ventilation est naturelle ou artificielle.

Considérons une mine comme une longue conduite débouchant au jour par ses deux extrémités qui seront les orifices des puits d'entrée et de sortie de l'air; puis prolongeons par la pensée un plan horizontal passant par l'ouverture la plus élevée, jusqu'au-dessus de la deuxième. On sait que la pression atmosphérique sera la même dans toute l'étendue de ce plan. On pourra, à partir du point le plus bas de la mine, regarder toutes les portions de conduite, situées de part et d'autre de ce point, comme deux colonnes de même hauteur verticale, mais de longueur et de formes différentes et pouvant même présenter des contre-pentes ; ces colonnes s'élèveront jusqu'au plan de niveau indiqué ci-dessus, et l'une d'elles aura une section indéfinie dans la partie comprise entre l'orifice inférieur et le plan de niveau, et ne présentera aucune résistance au mouvement dans cette partie. Si maintenant la masse fluide qui se trouve dans une de ces colonnes communiquant par le pied, prend une plus haute température ou renferme des gaz d'une moindre densité que la masse fluide contenue dans l'autre colonne, il s'établira un courant de cette dernière dans la première, et si les mêmes différences de poids spécifiques entre les deux colonnes se maintiennent, le courant sera continué.

C'est la cause de l'aérage naturel. Dans l'une des colonnes, les causes d'allégement sont : l'échauffement produit par les ouvriers qui travaillent au fond de la mine, la chaleur naturelle des parois des galeries ou excavations, la combustion des lampes et le dégagement de gaz d'un poids spécifique inférieur à celui de l'air. Cet aérage est d'autant plus faible que les résistances au mouvement, comme les frottements de l'air contre les parois des galeries, sont plus grandes, les passages plus étroits et que l'on a partagé la circulation dans l'intérieur de la mine, en un moins grand nombre de courants particuliers, ce qui oblige l'air à parcourir plus de chemin pour arriver au puits de sortie; et il sera évidemment d'autant meilleur que, pour un même développement de travaux souterrains, les deux colonnes fluides seront plus hautes, puisque, pour une hauteur double et une même différence de température moyenne entre les deux colonnes, la puissance qui produit le mouvement sera doublée sans que les résistances au mouvement le soient également : en effet, on remarque que la ventilation naturelle est d'autant plus active pour un même développement de travaux souterrains et pour la même section de conduites, que les mines sont plus profondes.

On remarque également que la température de l'air dans les puits de sortie et la présence, dans cette colonne, des vapeurs d'eau et des gaz moins denses que l'air, sont presque toujours suffisantes pour rendre cette colonne plus légère que l'autre, malgré les énormes voriations que subit la température atmosphérique à la surface et, par conséquent, dans le puits d'entrée; de sorte que le courant se produit toute l'année dans le même sens. Seulement il devient plus faible dans les temps de chaleur qui diminuent le poids de la colonne descendante et la ventilation naturelle est rarement suffisante, dans les mines, pendant les chaudes journées d'été.

Lorsque l'aérage naturel est insuffisant, il faut l'activer par un moyen artificiel et, pour cela, il suffit d'augmenter, à l'aide d'un foyer placé dans le puits par lequel l'air sort naturellement, la température de la colonne d'air qui sort de la mine et par conséquent de diminuer sa densité; ce qui revient à augmenter l'énergie des causes naturelles indiquées ci-dessus. On arrive au même résultat en refoulant de l'air atmosphérique par l'un des puits et en l'obligeant ainsi à sortir par l'autre puits après avoir parcouru et assaini tous les travaux; ou en aspirant à la partie supérieure de l'un de ces puits, l'air de la mine que l'on rejette dans l'atmosphère.

En enlevant ainsi continuellement de l'air à l'orifice d'un puits, on le raréfie, il agit moins par sa force élastique sur toute la colonne inférieure au point où se produit cette raréfaction, et la pression atmosphérique sur l'autre colonne devient plus prédominante et augmente la vitesse de passage de l'air dans tout le développement des conduits souterrains.

L'aérage naturel est toujours insuffisant dans les grands travaux d'exploitation, surtout en été, c'est-à-dire quand il est le plus nécessaire, et comme on ne peut l'augmenter que par les moyens artificiels que je viens d'indiquer, il est et sera d'autant moins employé seul que les travaux d'exploitation seront plus développés.

Le refoulement de l'air pur dans les travaux, par machines soufflantes de diverses espèces, est fort rarement employé, parce qu'il tend à établir dans les travaux un certain excès de pression qui maintient les gaz méphitiques dans les cavités qui les renferment, et leur permet de s'échapper quand le jeu de la machine soufflante vient à être suspendu ; ce qui, lorsque la roche dégage du grisou, peut amener dans les travaux, à l'instant où la ventilation est ralentie, un dégagement surabondant de gaz explosibles ou au moins impropres à la respiration.

L'élévation artificielle de la température de la colonne d'air ascendante sera aussi de moins en moins employée, parce qu'elle ne permet pas d'augmenter à volonté l'activité de la ventilation au delà de certaines limites ; parce qu'en cas d'accident qui empêcherait d'arriver jusqu'au foyer pour l'alimenter, toute ventilation pourrait être suspendue ; parce qu'il est telles circonstances dans lesquelles la présence du feu au fond des puits peut devenir dangereuse, malgré toutes les précautions prises pour empêcher les mélanges explosibles d'arriver jusqu'au foyer ; parce qu'une trop haute température dans le puits de sortie de l'air peut empêcher les hommes de circuler dans ce puits, et enfin parce qu'il convient d'avoir à la surface, en un lieu toujours accessible, l'appareil destiné à faire arriver de l'air pur jusqu'aux travailleurs mis en péril par quelque accident imprévu, au fond des travaux.

Il reste donc les appareils aspirants qui se répandent de plus en plus aujourd'hui, et que je regarde comme devant un jour remplacer tous les autres ; au reste, la plupart de ceux-ci peuvent fonctionner comme appareils soufflants dans les circonstances où l'on en aurait reconnu l'utilité.

Les appareils aspirants que l'on a amployés pour produire la ventilation sont très-multipliés, mais on peut cependant les classer en deux grandes catégories :

1° Ceux qui laissent libre la communication entre l'atmosphère et le haut du puits dans lequel ils aspirent l'air ; cet air passant d'un milieu où il est à une certaine tension, dans un autre où règne une tension supérieure, à l'aide de la force centrifuge qu'il développe dans le mouvement de rotation rapide qu'on lui imprime, ou à l'aide d'une impulsion directe se reproduisant d'une manière continue pour l'empêcher de rentrer dans le puits malgré la non-fermeture du passage : tels sont les ventilateurs à ailettes planes suivant le rayon, ou obliques sur ce rayon, les ventilateurs à ailes courbes de M. Combes, la vis de M. Motte, etc.

Si on arrête un de ces appareils, l'air extérieur peut faire retour brusquement dans le puits d'aérage, pendant un instant, puis la ventilation se retrouve livrée à ses causes naturelles et peut se continuer d'une façon peu active à travers l'appareil immobile ;

2° Les appareils à capacité fermée et variable, qui tous offrent à l'air qui arrive au sommet du puits d'aérage, une capacité qui grandit jusqu'à une certaine limite en s'emplissant de cet air ; au delà de cette limite, l'air ainsi appelé passe dans l'atmosphère sans pouvoir retourner en arrière, et derrière lui se reforme une autre capacité qui reproduit le même phénomène, et ainsi de suite indéfiniment.

Dans cette catégorie se trouvent : les machines aspirantes à pistons ou à cloches plongeantes, le ventilateur de M. Fabry et celui de M. Lemielle, décrits dans le *Traité d'exploitation* de M. Ponson, la vis baignant inférieurement dans un réservoir d'eau et tournant dans une enveloppe fixe, sorte de cagniardelle simplifiée, que M. Guibal fait construire en ce moment au charbonnage de l'Escouffiaux, et une multitude d'autres appareils construits ou en projet. Quand ces appareils s'arrêtent, toute ventilation est suspendue définitivement, et si leurs parties mobiles fermaient hermétiquement les conduits dans lesquels elles se meuvent, il ne pourrait rentrer dans le puits ni sortir de la mine la moindre parcelle d'air atmosphérique.

Sans condamner d'une manière absolue les appareils de la première catégorie qui présentent des avantages spéciaux, je remarque qu'ils commencent à être abandonnés à mesure que les travaux souterrains deviennent plus profonds et plus développés, parce que leur effet est plus difficile à prévoir, parce qu'ils sont, par leur nature, peu susceptibles de produire une grande raréfaction au sommet des puits d'aérage, et par suite incapables de produire une puissante ventilation quand les conduits souterrains ont un grand développement et une faible section, et parce qu'on a trouvé généralement qu'ils produisaient moins d'effet utile que les autres, c'est-à-dire qu'ils consommaient plus de travail mécanique pour faire circuler la même quantité d'air dans les mines.

Restent donc ceux de la deuxième catégorie, qui très-probablement seront seuls employés quand les travaux d'exploitation auront atteint la profondeur de 1000 mètres et tout le développement que comporte cette profondeur.

Je ferai au sujet de ces appareils une remarque importante ; c'est qu'ils sont tous également bons si on fait abstraction des frottements, des rentrées d'air qu'amène le jeu des parties mobiles dans les conduits qu'elles parcourent, des chances de dérangement et du plus ou moins de régularité

qu'ils produisent dans la vitesse du courant ventilateur ;
de sorte qu'ils ne diffèrent entre eux, au point de vue de la
ventilation qu'ils peuvent produire avec un travail donné,
que par ce côté pratique de la question et que, dans l'application, on devra préférer celui qui présente le moins de frottements, les plus faible chances de dérangement et le plus
de régularité dans la vitesse du courant qui résulte de son
action.

Celui qui me paraît satisfaire à ces conditions au plus haut
degré possible, est celui de M. de Fabry, vu l'impossibilité de
prononcer encore un jugement définitif sur la vis de M. Guibal ; aussi il survit et survivra probablement bien longtemps
à toutes les autres dispositions appliquées ou en projet, et,
dans l'état présent de la question, c'est celui que je proposerais pour ventiler une mine poussée jusqu'à la profondeur
de 1000 mètres. Je ne connais, pour l'instant, aucun autre
moyen de ventilation qui lui soit préférable.

Pour se rendre un compte exact du mode d'action de ces
appareils, il suffit d'imaginer le puits d'aérage terminé par
un cylindre dans lequel se meut un piston de bas en haut,
puis ce premier piston instantanément remplacé par un autre
quand il a parcouru un certain chemin, et ainsi de suite indéfiniment. Il y aura, de cette façon, aspiration continue, et
le travail utile correspondant à la ventilation, sera égal à la
différence de pression entre les deux faces du piston, multipliée
par le chemin parcouru en une seconde, ou :

$$PSL = PV.$$

P représentant la différence de tension de l'air entre les
deux faces du piston, exprimée en kilogrammes par mètre
carré.

S, la surface de ce piston, en mètres carrés.

L, la course par seconde, en mètres.

V, le volume d'air aspiré par seconde, en mètres cubes.

Le travail correspondant à une ventilation donnée est donc toujours le produit du volume d'air aspiré, par la différence de tension entre les deux faces du piston.

Tous les appareils de la deuxième catégorie fonctionnent de cette façon, et leur travail s'exprime par la même formule ; seulement le volume engendré, au lieu d'avoir la forme cylindrique, prend toutes sortes de formes suivant la disposition mécanique adoptée.

Il est aisé de voir, d'après cela, que toutes les dispositions qui ont été essayées ou proposées autrefois pour machines à vapeur à rotation directe, pour pompes à eau continues et rotatives, peuvent devenir des ventilateurs aspirants, en les construisant sur une grande échelle et en les modifiant légèrement dans un sens approprié au mouvement de l'air, par exemple en écartant un peu les pièces mobiles des parties fixes, afin d'éviter les frottements qui, sans cela, deviendraient énormes.

Celui de M. Fabry est lui-même dans ce cas ; la disposition est d'un Anglais, M. Murdock, qui l'a essayée en 1799 pour machine à vapeur rotative (¹), et 30 ans plus tard, M. Eve, en France, l'a employée de nouveau pour pompe à eau rotative. Il est probable qu'en feuilletant le recueil des brevets d'invention pour machines rotatives, on trouverait encore d'autres dispositions susceptibles de fournir d'excellents ventilateurs ; cependant je pense que M. Fabry a mis la main sur une des meilleures, à cause de l'absence d'articulations, de soupapes, de glissières, du peu de frottements qui s'y développent et enfin du bon service pratique qu'elle peut fournir.

Ce ventilateur ne présente qu'un inconvénient, c'est qu'il laisse rentrer de l'air par le centre ; mais cette partie d'air réintroduite dans le puits, ne constitue pas un travail perdu ; elle vient en aide à la puissance motrice de l'appareil et res-

---

(¹) *History and progress in the steam Engine*, by Elijah Galloway, 1852.

titue ainsi le travail qu'elle a absorbé pour sortir. Elle oblige
seulement à donner au ventilateur de plus grandes dimensions pour produire une ventilation déterminée.

Ainsi, comme je l'ai dit plus haut, pour aérer une mine
de 1000 mètres au moins de profondeur, j'emploierais le
ventilateur de M. Fabry en prenant, toutefois, les précautions indiquées dans les traités d'exploitation des mines,
pour qu'il ne soit pas emporté par un refoulement violent
des gaz que renferment les travaux à la suite d'une explosion souterraine; et comme, malgré l'augmentation d'aérage
naturel qu'amène l'accroissement de profondeur, il faut toujours activer la ventilation par des moyens artificiels, ce
surcroît d'activité, à cause de la plus grande longueur du
parcours souterrain, exigera un peu plus de travail que
pour une mine moins profonde, et il conviendra d'employer
une machine motrice un peu plus puissante que celle qui
serait employée aujourd'hui à produire le même degré de
ventilation.

Cet excès de travail à dépenser sera peut-être compensé
par l'accroissement d'aérage naturel, mais dans tous les cas
il sera très faible, car il est facile de reconnaître par un
examen attentif des expériences de MM. Glépin et Jochams
sur la ventilation des mines, que quelques centaines de mètres de puits de grande section de plus à parcourir, n'ajou-
teront qu'une résistance insignifiante aux résistances que présentent les conduits du fond.

La ventilation énergique d'une mine, à la profondeur de
1000 mètres et même au delà, ne présentera donc aucune
difficulté et n'exigera qu'un assez faible excédant de travail à
dépenser, si toutefois les causes naturelles qui produisent le
mouvement de l'air ne croissent pas avec la profondeur aussi
rapidement que les résistances au mouvement de cet air, ce
qui dépendra uniquement du développement des travaux
intérieurs.

DE L'ASCENSION ET DE LA DESCENTE DES OUVRIERS DANS LES MINES PROFONDES.

On n'a employé, jusqu'à présent, pour l'ascension et la descente des ouvriers dans les mines à puits verticaux, que les échelles inclinées, droites ou héliçoïdales, en bois ou en fer, ou formées de l'une et de l'autre de ces substances, les câbles d'extraction avec ou sans les vases qui portent le combustible et les échelles mobiles ou tiges oscillantes verticales.

Les échelles fixes, qui ont été employées presque généralement jusqu'aujourd'hui, perdent tous les jours de leur importance ; la fatigue, la perte d'une partie de la force musculaire du travailleur, qu'elles produisent, leur fâcheuse influence sur la santé de l'ouvrier et les maladies dont elles sont l'origine, les mettront inévitablement hors de cause bien avant que l'on n'ait atteint la profondeur de 1000 mètres, et si elles continuent alors à subsister, ce ne sera plus pour l'usage journalier, mais comme moyen de sauvetage dans les circonstances périlleuses.

Pour se rendre compte approximativement de la perte de travail utile qu'occasionne l'emploi des échelles, on a fait descendre et remonter un ouvrier mineur de force moyenne dans un puits de 230 mètres de profondeur ; au bout d'une journée, cette double opération s'était accomplie sept fois, et l'ouvrier a déclaré qu'il préférait à ce travail, celui qu'il avait coutume de faire dans l'intérieur de la mine. Il avait donc franchi une hauteur verticale de 1610 mètres de haut en bas et de bas en haut, et ce simple transport de son propre poids avait épuisé tout ce qu'il pouvait produire de travail par sa force musculaire en une journée.

On voit d'après cette expérience, exécutée, il est vrai, dans des proportions trop restreintes, qu'abstraction faite de tous les autres inconvénients attachés à l'emploi des échelles, le travail utile de l'ouvrier mineur deviendrait insignifiant à la profondeur de 1000 mètres ; aussi je n'insisterai pas davantage sur ce mode de transport dans les puits verticaux.

Reste maintenant l'emploi des cages et des échelles mobiles.

Je crois inutile de rapporter ici tous les motifs qui, dans l'emploi des câbles, font aujourd'hui préférer la cage attachée à l'extrémité du câble, à tout autre appareil, même au cuffat guidé, pour le transport de l'ouvrier dans les puits de mines par la machine d'extraction à molettes, parce que ces motifs, parmi lesquels se trouvent au premier rang la rapidité et la sûreté de l'opération, sont longuement exposés dans les ouvrages récents sur l'exploitation de la houille, entre autres dans le tome 3 du traité de M. Ponson.

Cependant malgré les avantages spéciaux qu'offre la cage pour un semblable service, elle ne doit pas être considérée comme offrant la plus complète sécurité, même lorsqu'elle est munie d'un parachute ; car quoiqu'il existe plusieurs de ces appareils de sûreté qui soient fort bons, on ne devra jamais les considérer que comme des palliatifs dont l'effet peut être annulé par des circonstances imprévues telles que rupture de certaines pièces, dérangement des guides non aperçu, etc., etc., et il faudra, dans tous les cas, surveiller l'état des câbles avec un soin extrême, sans quoi un parachute deviendrait plutôt un danger qu'une garantie.

C'est donc l'emploi de la cage que j'ai adoptée dans un chapitre de l'extraction, que je comparerai à celui des tiges oscillantes, ou échelles mobiles, telles qu'elles sont montées à Mariemont, à la fosse de la Réunion ou à Seraing, et décrites dans l'ouvrage de M. Ponson, tome 3, pages 315 et 321. Je ne ferai, du reste, aucune mention des premières échelles mobiles employées au Hartz, parce qu'elles sont loin d'offrir les mêmes avantages que celle qui a été établie à Mariemont en 1843, par les soins de M. Warocqué, et que les imitations plus ou moins exactes que l'on en a faites depuis.

Supposons qu'une cage doive emporter à la fois douze ouvriers pour les transporter du fond à la surface ou de la sur-

tace au fond, et que sa vitesse moyenne, pendant cette opération, soit de 4 mètres (je suppose la vitesse un peu moindre
ici que quand on enlève le combustible, pour diminuer les
chances d'accident). Il faudra, pour faire franchir à ces ouvriers la hauteur de 1000 mètres :

$$\frac{1000}{4} = 250 \text{ secondes.}$$

Supposons, en outre, que le temps nécessaire pour que ces
ouvriers sortent de l'appareil et soient remplacés par d'autres,
soit de 50 secondes; cela donnera, pour une opération complète, une durée totale de 300 secondes.

Or, pour une extraction journalière de 6000 hectolitres,
il faut environ 400 ouvriers au fond, pendant le jour ; donc
le temps nécessaire pour la descente de ces ouvriers serait de :

$$\frac{400}{12} \cdot 300'' = 10500'' \text{ ou 2 heures 50 minutes,}$$

soit 3 heures en nombre rond, et il faudrait le même temps
pour les remonter.

Il en résulte que la machine d'extraction devrait fonctionner
pendant 6 heures par jour pour le transport des ouvriers,
même en profitant des voyages qui servent à l'ascension des
ouvriers de jour, pour descendre les ouvriers de nuit qui sont
moins nombreux.

Dans l'hypothèse où la cage emporterait 16 travailleurs, il
faudrait encore environ 4 heures et demie, mais je ne pense
pas que les cages aient encore été autant chargées d'ouvriers.

Je supposerai maintenant que pour le transport du même
nombre d'hommes, à la même profondeur, on emploie un
appareil semblable à celui de Mariemont dont les tiges portent des paliers de 6 mètres en 6 mètres, ayant par conséquent
3 mètres de course, et fournissent 10 courses simples par
minute. Ces tiges ne reçoivent aujourd'hui que 6 courses sim-

ples parce que la nécessité de fonctionner plus rapidement ne se fait pas sentir, mais l'expérience a prouvé que, sans aucun danger, on peut porter la vitesse à 10 courses simples, ou $0^m,50$ de vitesse moyenne par seconde, et même au delà.

Le premier ouvrier monté sur l'appareil pour descendre, arrivera au fond au bout de $\dfrac{1000^m}{0,50} = 2000$ secondes ; puis après cela, chaque coup double de piston de la machine motrice, amènera un homme au fond ; c'est-à-dire 5 hommes par minute ou les 399 autres environ en $\dfrac{399.60}{5} = 4788$ secondes.

Il faudra donc $4788 + 2000$ secondes, ou 1 heure 57 minutes, pour transporter au fond ou remonter à la surface les 400 ouvriers.

Comme chaque palier est partagé en deux compartiments, l'un pour les ouvriers qui montent, l'autre pour ceux qui descendent, et que chacun des deux compartiments est assez grand pour recevoir, en cas de nécessité, deux ouvriers, on voit qu'il serait possible, à la rigueur, de charger chacun de ces paliers de 4 hommes allant dans le même sens et de remonter au jour, ou de descendre au fond, les 400 ouvriers, en :

$$2000 + \frac{396.60}{20} = 3188 \text{ secondes, ou environ 54 mi-}$$

nutes, avantage qui serait précieux dans certains cas ; mais il faudrait pour cela posséder un frein énergique pour la descente et, pour l'ascension, une machine motrice capable de développer la puissance correspondante au travail d'élévation de 4 hommes par palier, car dans une semblable opération, il ne serait plus possible d'équilibrer les ouvriers qui montent par ceux qui descendent.

L'opération serait encore plus rapide en portant la course des tiges à 4 mètres, ce qui n'offre, il me semble, aucune difficulté bien sérieuse, et en conservant le même nombre de coups de piston par minute, parce que la vitesse par seconde peut être un peu accrue quand la longueur des courses augmente. Dans ce cas, il ne faudrait, pour amener à la surface les 4 premiers ouvriers engagés dans l'appareil, que $\frac{1000.60}{4 \cdot 10} = 1500$ secondes; puis, comme plus haut, 1188 secondes pour les 396 autres; soit en tout :

$$2688 \text{ secondes ou 45 minutes environ.}$$

Puissance de la machine motrice. — L'appareil de la Réunion qui descend jusqu'à la profondeur de 540 mètres et dont les tiges portent, par conséquent, $\frac{540}{6} = 90$ hommes, fait régulièrement 6 courses simples par minute.

L'effet utile, quand il ne porte point d'ouvriers qui descendent, et en supposant le poids moyen de chacun égal à 65 kil., est donc de :

$$\frac{90.65^k.6.3^m}{60} = 1755 \text{ kilogrammètres par seconde, soit}$$

23 à 24 chevaux.

Pour parer à toutes les éventualités et pour enlever au besoin 3 à 4 hommes par palier, on a donné à la machine motrice qui le met en mouvement, une puissance de 100 chevaux, dont on n'utilise ordinairement qu'une faible partie.

A la profondeur de 1000 mètres, à la même vitesse et dans les mêmes circonstances, l'effet utile devrait être de :

$$1755 \frac{1000}{540} = 3250 \text{ kilogrammètres, ou 43 à 44 chevaux.}$$

Dans ce cas, je proposerais de donner à la machine motrice une puissance de 150 chevaux, afin de pouvoir enlever 2 ou 3 hommes par palier en cas de danger, et si, ce qui arrive assez souvent, les machines servant à un même siége d'extraction étaient groupées de façon à emprunter, sans grave embarras, leur vapeur à une même batterie de chaudières, il serait encore possible d'adjoindre à cette machine motrice, quelque appareil supplémentaire facile à imaginer, qui agirait sur les tiges oscillantes et augmenterait leur vitesse sous la plus forte charge qu'elles puissent porter dans les circonstances périlleuses.

Dans ce dernier cas, qui se présente précisément à Mariemont, on emprunte pour l'ascension et la descente des ouvriers, la vapeur des chaudières de la machine d'épuisement qui chôme pendant ce temps. La possibilité d'un semblable arrangement produirait partout une notable économie dans la consommation de combustible.

Les appareils de M. Warocqué sont mis en mouvement par une machine à un seul cylindre à double effet, et les tiges sont équilibrées par un balancier hydraulique, qui sert en même temps à transmettre l'effort de la vapeur à la tige qui ne reçoit pas directement le mouvement du piston moteur; de plus, ces tiges sont réunies, de 30 mètres en 30 mètres, par des chaînes dites de sûreté, qui passent sur des poulies, disposition dont on trouvera le dessin annexé à ce mémoire. Il résulte de cette disposition que si les chaînes de sûreté étaient tendues de manière à équilibrer les deux tiges en plusieurs points de la hauteur, et que l'intervalle entre les deux pistons ne fût pas rempli d'une liquide mathématiquement incompressible, ou que le piston de la tige qui ne reçoit pas l'action directe de la puissance motrice laissât passer un peu l'eau du dessous au dessus, la pression de la vapeur ne serait pas ou ne serait qu'imparfaitement transmise à cette dernière tige par le balancier hydraulique, et qu'elle recevrait le mouvement par l'intermédiaire des chaînes équilibrantes sur lesquelles la première tige agirait par compression : celle-ci serait alors exposée à fléchir, à se déranger de la verticale, peut-être à casser, et d'autre part, les résistances seraient accrues par suite du frottement des tourillons des poulies et des boulons des chaînes qui supporteraient d'assez fortes pressions.

Ces inconvénients ont empêché de se servir de ces chaî-

nes de sûreté pour équilibrer continuellement les tiges par
plusieurs points de leur hauteur ; elles ne sont plus équilibrées que par le haut et les chaînes ne servent qu'à empêcher la chute de ces tiges en cas de rupture ; aussi ces chaînes ont $0^m,25$ à $0^m,30$ de plus que la longueur nécessaire
pour établir l'équilibre.

Cependant cette disposition semble offrir un inconvénient
qui croîtra avec la profondeur : c'est que les tiges étant sus-
pendues seulement par le haut, elles doivent, comme les
câbles, porter leur propre poids, plus la charge supplémentaire d'hommes qu'elles soutiennent, ce qui oblige à leur
donner des dimensions bien plus considérables que si elles
étaient équilibrées en plusieurs points de leur longueur, surtout vers le haut. Il est évident qu'avec des chaînes de sûreté tendues, placées à des distances rapprochées les unes
des autres, chacune équilibrant les deux parties de tiges
correspondantes , celles-ci se maintiendraient en n'exerçant
que de faibles efforts sur les appareils spéciaux que l'on
emploie aujourd'hui pour produire cet effet à leur partie
supérieure, et que la machine motrice, pour les mettre en
mouvement, n'aurait qu'à surmonter, comme à présent, le
poids des hommes placés sur ces tiges, plus les résistances
passives dues à ces chaînes équilibrantes et aux poulies qui
les portent. Les dimensions des tiges pourraient alors devenir excessivement faibles, quelle que fût la profondeur
des mines. Dans ce cas, la disposition de machine motrice
et de balancier hydraulique de Mariemont ne convien-
drait plus, pour les motifs que j'ai exposés ci-dessus ; il
vaudrait mieux employer, comme à Seraing, deux cylindres
moteurs à simple effet, agissant alternativement par traction
sur les tiges oscillantes, qui ne seraient plus alors exposées à
fléchir sous un effort de compression et dont l'une descendrait par l'influence de son propre poids, pendant que l'autre,
soulevée par l'action de la vapeur, cesserait de l'équilibrer
entièrement. Il est vrai que dans cette disposition qui me

semble accroître encore, si c'est possible, les chances de sécurité, l'appareil présenterait des résistances passives un peu
supérieures à celles que présentent aujourd'hui les appareils
de Mariemont; peut-être aussi serait-il assez difficile de tendre
à peu près également toutes ces chaînes destinées à rendre le
mouvement d'une tige solidaire du mouvement de l'autre,
mais la difficulté ne serait point insurmontable.

Dans ces conditions et pour peu que l'on perfectionnât les
moyens d'équilibrer les tiges à toute hauteur, au point de vue
de la diminution des résistances passives, ces tiges pourraient
être prolongées jusqu'à des profondeurs immenses, plusieurs
milliers de mètres peut-être, sous des dimensions assez faibles et sans rien perdre du degré de sécurité qu'elles offrent
aujourd'hui, puisque l'effort qu'elles auraient à supporter se
réduirait au poids des hommes à soulever, plus les résistances
passives qui, de leur nature, sont réductibles jusqu'à une
limite qu'il est impossible d'assigner à présent.

Si je compare maintenant le système de transport des ouvriers par les câbles au système de transport par échelles
mobiles, au point de vue de la sécurité, je trouve, après toutes
informations prises, que les accidents, si nombreux lorsque
l'on employait les cuffats libres, comme on peut s'en assurer
par la lecture des rapports de l'administration des mines,
ont diminué dans une proportion considérable lorsque les
vases d'extraction ont été guidés, et, dans ce cas, les cages
offrent, encore sur les tonnes, l'avantage de diminuer les
chances d'accident à l'entrée et à la sortie. Aussi je ne connais que fort peu de catastrophes occasionnées par l'emploi
des cages dont l'application, il est vrai, date d'une époque
trop récente pour que l'on puisse, à ce sujet, se former une
opinion définitive. Cependant elles me paraissent encore offrir
les inconvénients que présentera toujours l'emploi des câbles
qui s'usent vite et qui peuvent n'être pas renouvelés à temps
par inadvertance ou par économie, et le parachute, quoique
excellent en principe, peut n'être pas une garantie suffi-

sante contre les accidents qui résultent d'une telle rupture.

De plus, les guides peuvent se déranger par suite des mouvements si communs dans les puits lorsque l'exploitation se rapproche de leur pied, ou par suite du défaut d'entretien ou d'une surveillance active que peut endormir une longue période passée sans accident. Enfin, il est parfois arrivé, dans le district de Charleroy, que l'engrenage de l'arbre des bobines ayant été cassé pendant que les ouvriers étaient au fond d'une mine, dans laquelle on ne possédait d'autre moyen de remonter à la surface que les câbles et les tonnes, ces ouvriers sont restés dans les travaux pendant trois jours; les cages présenteraient évidemment cet inconvénient si l'on comptait entièrement sur elles pour le transport des travailleurs. En résumé, il faut encore quelques années pour que la question de sécurité dans l'emploi des cages soit résolue, et leur introduction dans les houillères de la Belgique est encore trop récente pour que tous leurs inconvénients aient pu être constatés.

D'autre part, les échelles mobiles n'ont donné lieu, jusqu'à présent, qu'à un petit nombre d'accidents causés par l'imprudence des ouvriers, et ces accidents n'ont eu que peu de gravité; je n'ai pas ouï dire qu'un seul eût produit mort d'homme depuis 1845, époque à laquelle a été construit le premier appareil à Mariemont, et je ne pense pas qu'il soit possible de donner, du degré de sécurité que présente cet appareil, un exemple plus frappant que celui que voici :

Il y a deux ans, une des tiges de la machine de la Réunion, qui descend jusqu'à la profondeur de 540 mètres, se rompit pendant la remonte des ouvriers, à 300 mètres de la surface, et les ouvriers, placés sur la partie de 240 mètres détachée du reste, n'éprouvèrent qu'une légère secousse; cette partie descendit brusquement de $0^m,30$, excédant de longueur des chaînes de sûreté, puis continua à fonctionner comme précédemment, recevant son mouvement d'ascension par l'autre tige qui agissait par pression sur ces chaînes, et son mouvement de descente par son propre poids. Les ouvriers remontèrent ainsi au jour sans aucun accident et sans avoir recours aux échelles fixes qui sont toujours attachées aux parois du même puits; seulement la partie détachée étant descendue de $0^m,30$ pour tendre les chaînes qui devaient la soutenir, il en résultait qu'à la limite des courses, les paliers de cette partie se trouvaient à $0^m,30$ en contre-bas des paliers correspondants de l'autre tige et que les ouvriers, pour passer d'un palier à l'autre, devaient franchir cette différence de niveau.

Il serait donc fort difficile, peut-être impossible, d'imaginer un autre appareil qui pût offrir plus de sûreté pour la vie de l'ouvrier, surtout quand sa vitesse n'est pas trop grande; car il restera toujours, quoi qu'on fasse, les chances d'accidents que peut occasionner l'imprudence.

En continuant la comparaison sous d'autres points de vue, on trouve :

Que relativement à la dépense directe de transport, les cages l'emportent, parce qu'elles consomment un peu moins de combustible que les appareils à tiges oscillantes qui ont leurs chaudières séparées; mais cet avantage disparaît lorsque ceux-ci peuvent emprunter la vapeur d'une machine d'épuisement voisine ;

Que l'emploi des cages n'exige aucuns frais spéciaux d'établissement, tandis que les échelles mobiles en exigent d'assez considérables sur lesquels je reviendrai plus loin ;

Que l'emploi des cages est possible, toujours et partout, tandis que les échelles mobiles exigent un puits spécial qui manque dans beaucoup de concessions, et qu'il faut ce puits spécial et un nouvel appareil sur chaque siége d'exploitation, à moins que l'on ne mette plusieurs siéges en communication, ce qui peut devenir très-dispendieux dans certains cas; et enfin que ces puits doivent être sur une même verticale, chose assez rare quand on veut utiliser les puits aux échelles fixes actuels, dont le percement a souvent eu lieu suivant une ligne brisée et par succession de galeries horizontales et de tourets.

Mais la plupart de ces motifs de préférence en faveur des cages, qui ont suffi, jusqu'à présent, pour empêcher l'usage des échelles mobiles de devenir général, s'évanouiront avec le temps, parce que la tendance qui se manifeste de plus en plus, à tirer beaucoup de combustibles par un même puits, en diminuant le nombre des siéges d'extraction, rendra disponibles, dans presque toutes les concessions, certains puits d'extraction qui pourront être affectés à cet usage ; parce que la supériorité de ce mode de transport étant bien reconnue, on tiendra compte, dans la direction générale des travaux, de la convenance de faire durer le plus longtemps possible le service d'un même appareil, et parce qu'il n'est pas indispensable, à la rigueur, que le puits dans lequel il est établi se trouve tout entier sur une même verticale. En effet, les différentes parties verticales d'un même système d'échelles mobiles, séparées par des distances horizontales quelconques, peuvent être rendues solidaires les unes des autres par des balanciers hydrauliques analogues à celui qui a été employé à la mine de Sarslonchamps pour communiquer le mouvement d'une partie de la maîtresse-tige d'un appareil d'épuisement à une autre partie de cette tige qui en est séparée par une distance horizontale de 20 mètres (¹). Ces échelles mobiles fractionnées, à l'aide de quelques précautions faciles à imaginer, fonctionneraient exactement comme celles qui sont tout entières montées sur une même ligne verticale et ne présenteraient d'autre excès de résistance que les résistances passives inhérentes à chaque balancier hydraulique.

On voit, d'après cette exposition sommaire des avantages et des inconvénients attachés à l'emploi de l'un et de l'autre système de transport des ouvriers dans les puits de mines, que si la question d'humanité domine toute autre considéra-

(¹) Voir l'ouvrage de M. Ponson, t. III, p. 511.

tion, le système d'échelles mobiles doit être préféré, parce qu'il offre le plus haut degré de sécurité et qu'il ne présente plus guère que les chances d'accident inséparables de l'imprudence de l'ouvrier, et parce qu'il fournit, dans les circonstances périlleuses, sans que l'on soit obligé d'avoir recours aux échelles fixes dont le puits doit toujours être muni pour le cas où l'appareil serait lui-même détruit à la suite d'une violente explosion dans son voisinage, des moyens énergiques de tirer très-rapidement un grand nombre d'ouvriers du fond des travaux, service que, dans ce cas, les cages pourraient rendre en même temps.

A l'époque où les mines auront atteint la profondeur de 1000 mètres, où l'exploitation, par un même puits, devra être poussée à outrance, pour éviter les frais énormes qu'occasionnerait la multiplicité des siéges d'exploitation et où, par conséquent, les appareils d'extraction devront fonctionner presque continuellement pour transporter le combustible et les matériaux nécessaires aux travaux souterrains, ce système devra encore être préféré à l'emploi des cages, parce qu'il offre l'immense avantage de la spécialité du service qui reste indépendant d'un accident arrivé aux câbles ; parce qu'il est le plus rapide, avantage qui croît avec la profondeur et le nombre d'ouvriers à transporter ; et enfin parce qu'il laisse à l'appareil ordinaire d'extraction, toutes ses forces disponibles pour l'enlèvement du combustible, et qu'il peut être employé à chaque heure du jour pour les besoins imprévus, sans porter la perturbation dans les travaux de transport intérieur, offrant ainsi, à tout venant, un convoi prêt à partir pour sa destination, sans porter atteinte à la production.

Je dirai plus, c'est qu'à la profondeur de 1000 mètres et avec un développement de travaux intérieurs considérable, il deviendra le *seul possible* et que, par conséquent, il est inutile de pousser plus loin la recherche des motifs qui le feraient alors préférer aux autres systèmes.

Il est bien entendu que cette dernière conclusion, qui peut

paraître un peu radicale, ne s'applique qu'au cas de l'emploi des câbles pour l'extraction du combustible ; si l'on remplace un jour, pour cette opération, la machine à molettes et à cordes par l'un des appareils dont je parlerai à la fin de ce mémoire, il est clair que celui-ci pourra servir à la fois, sans inconvénient, à l'extraction de la houille et au transport des ouvriers de la surface au fond des mines et réciproquement, ce qui dispenserait d'un appareil spécial pour ce dernier service.

Quant aux charges qui résultent de l'emploi des échelles mobiles, au point de vue du service journalier et des frais d'établissement, je prouverai plus loin qu'elles ne sont pas suffisantes pour que l'on hésite à les appliquer lorsque l'exploitation aura pris un développement supérieur à celui d'aujourd'hui.

Telles sont les seules prévisions qu'il me semble possible de formuler à présent sur le mode d'ascension et de descente des ouvriers à une époque qui est encore loin de nous, celle où la plus grande profondeur des mines actuelles, sera presque doublée. Inventera-t-on, d'ici à cette époque, quelque autre appareil préférable à ceux que nous connaissons ? Je l'ignore, mais je n'ai aucune idée de ce qu'il pourrait être. Pour transporter une charge d'un niveau à un autre beaucoup plus élevé, il faut : ou des corps flexibles qui élèvent cette charge d'une manière continue, ou des corps rigides qui, ne pouvant franchir tout d'un trait et sans fléchir cette hauteur, font l'opération à plusieurs reprises ; il faut donc employer ou des câbles, ou des chaînes, ou des tiges oscillantes. Essayera-t-on l'air comme moyen de transmission des efforts nécessaires pour opérer l'élévation des charges, par exemple quelque chose comme un chemin atmosphérique placé verticalement avec ou sans rainure longitudinale ? Je ne le crois pas ; ceux-ci n'ont rien valu en plaine, ils vaudront encore moins, sous tous les points de vue, dans des puits verticaux qui ne sont que peu ou point

éclairés, où la surveillance est fort difficile, et je ne puis me
faire une idée rationnelle d'une disposition propre à réaliser
l'application d'un tel principe d'une manière efficace. Je ne
vois donc de perfectionnement possible dans l'avenir que
par la recherche des moyens d'augmenter la sécurité et la
vitesse dans l'emploi des câbles et surtout dans l'emploi des
tiges oscillantes qui, très-propablement, deviendront un jour
la planche de salut de l'exploitation dans les mines très-profondes.

CONDITIONS ÉCONOMIQUES DE L'EXPLOITATION A LA PROFONDEUR DE 1000 MÈTRES.

Pour analyser, avec le plus d'exactitude possible, les conditions économiques de l'exploitation à la profondeur d'au
moins 1000 mètres, ou plutôt pour évaluer le chiffre probable du prix de revient de l'hectolitre de houille à cette profondeur, il est nécessaire d'exposer tous les éléments de ce
prix de revient.

Les frais d'extraction se divisent généralement de la manière suivante :

1° Travaux du fond.

2°   Id.   jour.

3° Consommations diverses.

4° Frais d'exhaure.

5° Frais généraux d'administration, de direction et im-
pôts.

6° Amortissement.

Dans le cas d'une extraction de 6000 hectolitres, dans
des veines en plateures et à la profondeur de 400 à 500 mètres, que l'on a déjà dépassée en beaucoup d'endroits, voici,
d'après des renseignements recueillis près de sociétés importantes au Couchant de Mons, quel serait le détail du prix
moyen de revient d'un hectolitre de houille :

Centimes par hectolitre.

Travaux du fond : Surveillance 0,65
  Aérage 0,15
  Éclairage 0,10
  Ouverture des galeries 6,25
  Établissement des chemins de fer 0,50
  Abattage de la houille 11,40
  Travaux faisant suite à l'abattage 1,25
  Sclonnage ou transport souterrain. 5,00
  Chargement des charbons, manœuvre des cages. 0,50
  Entretien des puits et des guides, peu connu,
    soit approximativement 0,25
  Entretien des galeries. 5,50
  Travaux divers 1,50
                                        ——— 30,85

Travaux du jour : Surveillance (gardes de jour,
    de nuit, chef de place) 0,11
  Service de la machine d'extraction (employés) . 0,16
  Réparation des outils de mineurs 0,50
  Service du matériel (porteurs d'outils, de bois,
    d'eau). 0,15
                                        ——— 0,92

Consommations : Huiles et graisses 1,50
  Fers 0,25
  Bois (consommation dépendante de la nature du
    toit de la veine). 4,50
  Objets divers (menus cordages, etc.) 1,25
  Charbon pour alimenter la machine d'extraction 0,90
  Entretien des cages et de la machine d'extraction 0,10
                                        ——— 8,50

Frais d'exhaure : Main-d'œuvre 0,70
  Charbon pour alimenter la machine dans l'hypo-
    thèse d'un épuisement de 2620 mètres cubes
    par 24 heures, à la profondeur de 500 mètres. 3,75
  Consommations de magasin 0,85
                                        ——— 5,30

                        A reporter. . . . 45,57

| | Report. . . | 45,57 |

Frais d'administration, de direction, etc., etc. :
Conseil d'administration, un tantième sur les
bénéfices.

Directeur gérant, logement, feu et lumière, fr.	5000
Ingénieur, id. id. . .	5000
Conducteur	2400
Niveleur	1200
Agent comptable.	1800
Magasinier	1200
Deux autres employés	2000
Fournitures de bureau.	1000
Total. . . fr.	19600

Cette somme, répartie sur 6000 hectolitres par
jour pendant 300 jours de travail, donne, par hect.   1,10

Total. . . 46,67

Comme charge indéterminée, il faut ajouter les contributions, la redevance sur les mines qui est de $2 \frac{1}{2}$ p. c. sur les dividendes, plus 10 centimes additionnels ; les indemnités pour dommages causés à la surface, une faible dépense pour entretien du puits aux échelles, et enfin quelques autres menus frais non prévus ci-dessus, mais dans tous les cas, peu importants.

Cette première partie des frais d'exploitation, indépendante de l'amortissement, est relative à des couches régulières qui ne présentent point cette forte inclinaison ni ces dérangements qui, parfois, portent le prix de revient à un chiffre beaucoup plus considérable que celui que je viens d'indiquer.

Amortissement. — Lorsqu'une compagnie crée un siége d'exploitation, voici comment elle procède, en général, relativement à l'amortissement, si elle veut éviter de graves mécomptes dans l'avenir.

Elle considère comme capital de premier établissement, la

somme dépensée pour percer un ou plusieurs puits que l'on a jugés nécessaires, jusqu'à la profondeur à laquelle elle veut commencer l'exploitation, c'est-à-dire jusqu'au premier accrochage; pour construire les bâtiments, machines d'extraction, de ventilation et autres travaux accessoires; enfin toute la somme dépensée pour commencer à exploiter. Ensuite elle fixe, aussi approximativement que possible, la durée de ce siége d'extraction ainsi que la quantité probable d'hectolitres de houille que l'on pourra tirer par les divers accrochages qui y seront établis successivement. Cette appréciation se fait assez exactement dans les mines à couches régulières et bien reconnues, mais elle est fort incertaine dans les terrains bouleversés et mal explorés; néanmoins, on s'arrête toujours au chiffre qui paraît le plus probable.

Supposons, par exemple, que la création d'un siége d'exploitation ait coûté 600,000 fr. et qu'il doive fournir 20 millions d'hectolitres de houille par ses divers accrochages; on considérera chaque hectolitre comme grevé d'une charge de $\frac{600,000}{20,000,000} = $ fr. 0,03, et son prix de revient sera augmenté de ces 3 centimes, afin que le capital tout entier soit amorti lorsque le siége d'extraction sera épuisé.

La première période d'exploitation au premier accrochage est généralement la plus avantageuse, puisque le prix de revient n'est grevé que de ces 3 centimes par hectolitre; mais aussitôt qu'elle est terminée et que l'on descend à un étage inférieur, tous les travaux nécessaires pour approfondir les puits et établir le deuxième accrochage, sont portés au compte des *travaux préparatoires* dont la dépense doit être amortie par l'extraction que l'on fera à ce niveau. En effet, il serait absurde de regarder ces dépenses comme devant accroître le capital social ou représentant une plus-value du siége d'extraction, puisque celui-ci s'appauvrit à mesure que l'on descend à une plus grande profondeur après avoir exploité les couches supérieures.

Supposons donc encore que le deuxième accrochage doive fournir 2,000,000 d'hectolitres, et que l'on ait dépensé 80,000 francs en travaux de toute espèce, pour l'établir ; les 2,000,000 d'hectolitres devront amortir ces 80,000 francs, et le prix de revient de chacun se trouvera grevé d'une charge de $\dfrac{80,000}{2,000,000}$ = fr. 0,04, qui, ajoutés aux 3 centimes d'amortissement du capital de premier établissement, représenteront une charge totale de 7 centimes par hectolitre ; soit 4 centimes de plus qu'au premier accrochage.

Les veines étant épuisées à ce deuxième niveau et les frais d'établissement du deuxième accrochage ayant été ainsi amortis, on descendra de nouveau jusqu'à un troisième accrochage, dont toute la dépense sera également considérée comme frais de travaux préparatoires, et amortie par les produits de ce troisième niveau ; en sorte que chaque hectolitre, dans cette troisième période, sera grevé de 3 centimes qui correspondent aux dépenses faites pour établir le premier accrochage, plus le nombre de centimes nécessaires pour amortir les dépenses de ce troisième accrochage, et ainsi de suite. Il en résulte que lorsqu'il n'y aura plus de combustible à tirer par ce siége d'extraction, toutes les dépenses faites pendant sa durée auront été entièrement amorties.

On voit, d'après cela, qu'après le premier travail accompli jusqu'au deuxième accrochage, les dépenses postérieures ne chargent pas [plus le prix de revient de l'hectolitre qu'à ce deuxième accrochage, et que dans beaucoup de circonstances, quand les veines sont riches et rapprochées à une grande profondeur, il peut arriver que la portion du prix de revient de l'hectolitre dépendante des frais d'établissement, y soit moins élevée qu'elle ne l'a été aux étages supérieurs ; de sorte que, toutes choses égales d'ailleurs, mais seulement sous ce point de vue, l'approfondissement des mines n'est point une charge

nouvelle qui puisse influer sur la valeur commerciale du combustible.

Je ferai la même observation relativement au matériel dont
on évalue la durée aussi approximativement que l'expérience
le permet, et qui s'amortit en grevant le prix de revient de
chaque hectolitre d'une somme suffisante pour qu'il soit entièrement payé par le nombre d'hectolitres à l'extraction
desquels il aura servi.

Quant à l'amortissement du capital consacré à l'établissement des bâtiments et appareils d'épuisement, voici comment
on procède :

On détermine le chiffre de la dépense pour puits, bâtiments, machines, chaudières, attirail, etc., nécessaires à
l'épuisement ; puis on évalue, aussi approximativement que
possible, le nombre d'hectolitres que l'on pourra tirer à
tous les niveaux et par tous les puits que l'appareil doit desservir, et on divise la dépense totale par le nombre d'hectolitres, ce qui fournit l'accroissement du prix de revient de
chacun, provenant de la nécessité d'élever les eaux ; ou bien
on détermine la durée probable du service de l'appareil
et on amortit la dépense par année, ce qui, au fond, revient
au même, à cette exception près que si l'extraction est
variable, le prix de revient de l'hectolitre en sera inégalement
affecté.

Telle est la façon de procéder qui paraît la plus rationnelle, dans l'évaluation de la part du capital dans le prix de
revient de la houille exploitée à une profondeur quelconque.
Je sais que l'on s'est souvent écarté de ces règles ; qu'en bien
des circonstances, les approfondissements successifs et autres
travaux importants ont été portés au compte du capital social
qui était considéré comme ne devant jamais s'éteindre ; exactement comme si une mine était une terre labourable indéfiniment ; que des compagnies se substituant à d'autres dans la
propriété des concessions, ont souvent payé des sommes bien
supérieures à celles qui correspondaient à la valeur réelle de

l'acquisition, au point qu'il n'a plus été possible non-seulement d'amortir le capital, mais même d'en payer le simple intérêt avec les produits de l'entreprise, qui se trouvaient ainsi grevés outre mesure ; mais je n'ai point à m'occuper ici de ces fâcheux effets de la spéculation : ils n'ont aucun rapport avec la question que je traite, et s'ils peuvent causer des crises passagères ou des ruines individuelles, ils sont sans influence durable sur l'avenir de l'exploitation de la houille. Qu'importe, en effet, à dernier point de vue, que certaines compagnies distribuent annuellement à leurs actionnaires, le revenu avec le capital réel, en grossissant indéfiniment le capital nominal ? il arrive toujours un instant où celui-ci se trouve violemment ramené par les circonstances dans les limites qui correspondent à sa valeur effective, et où toutes choses se rétablissent dans leur état normal.

En examinant avec attention tous les éléments du prix de revient de la houille et en recherchant quels sont ceux qui varieront assez avec l'augmentation de profondeur jusqu'à 1000 mètres, pour que l'on en tienne compte, je ne vois d'accroissement de charges, à cette profondeur, que dans les éléments suivants :

1° Entretien de puits de 1000 mètres, au lieu de 500 mètres environ, profondeur d'un grand nombre aujourd'hui.

2° Frais d'ascension et de descente des ouvriers.

3° Amortissement des câbles de machines d'extraction, lesquels coûteront plus sans durer davantage.

4° Consommation journalière de houille pour alimenter de vapeur les machines d'extraction et d'épuisement.

5° Remplacement de certaines machines d'extraction et d'épuisement par d'autres plus puissantes.

Entretien des puits. — Il est impossible de déterminer la valeur moyenne des frais d'entretien des puits, parce qu'ils sont excessivement variables et, du reste, toujours très-faibles.

Cependant, pour en donner une idée, je citerai deux exemples sur lesquels j'ai pu me procurer des renseignements positifs.

Le puits Saint-Antoine de l'Escouffiaux (Couchant de Mons), percé et maçonné sur une hauteur d'environ 300 mètres depuis 18 ans, a coûté jusqu'à ce jour 300 francs d'entretien pour une seule réparation occasionnée par un mouvement de terrain qui provenait d'une exploitation trop rapprochée de ce puits.

Le puits n° 2 de l'Agrappe, percé et maçonné sur une hauteur de 348 mètres depuis 14 ans, a coûté environ 1500 francs jusqu'à ce jour. Toutes les réparations ont été occasionnées par des mouvements de terrain provenant, comme plus haut, d'exploitations trop rapprochées.

Quant à l'entretien des guides pour l'emploi des cages, leur application est encore trop récente pour que l'on puisse connaître une valeur moyenne des frais dont il sera la cause ; mais ces frais seront, dans tous les cas, très-faibles, et il est à présumer qu'ils seront compensés par l'économie faite sur les cuffats et sur les maçonneries de puits qui ne seront plus violemment heurtées pendant les ascensions.

Je pense que, de ce chef, on peut négliger l'accroissement possible de dépense, et regarder l'entretien des puits et des guides à la profondeur de 1000 mètres comme l'équivalent de l'entretien à la profondeur de 500 mètres, l'augmentation de charge qui pourrait en résulter se réduirait certainement à une fraction très-faible de centime par hectolitre.

Frais d'ascension et de descente des ouvriers. — Je ne crois pas que l'on ait jamais fait d'études sérieuses pour se rendre un compte exact des résultats pécuniaires de l'ascension et de la descente des ouvriers par les procédés mécaniques substitués aux échelles fixes.

Il est certain cependant que, même dans les entreprises où le prix du travail reste constant, que les travailleurs soient transportés par les câbles ou par les tiges oscillantes, ou qu'ils se transportent eux-mêmes par les échelles, on

trouve dans le premier mode de transport un accroissement
de travail utile qui peut compenser en partie, ou peut-être
en totalité, les frais qu'il occasionne.

Le seul renseignement positif qui soit parvenu à ma connaissance est le suivant : dans les charbonnages d'Anzin, les
ouvriers qui descendent par les échelles dans des puits dont
la profondeur dépasse 400^m, reçoivent 25 centimes par
jour de plus que ceux qui sont transportés mécaniquement,
et cependant ces ouvriers préfèrent bien décidément ce dernier mode de transport.

Pour des travaux qui exigent l'emploi de 400 ouvriers,
cela représenterait une dépense journalière de 100 francs
dont on serait dispensé par l'emploi des tiges oscillantes,
même en ne tenant aucun compte des ouvriers de nuit dont
le salaire doit être aussi augmenté.

Je vais maintenant chercher approximativement les frais
que pourrait occasionner, pour le transport du même nombre
d'ouvriers à la profondeur de 1000^m, l'emploi des échelles
mobiles. La différence donnera une idée des charges inhérentes à ce dernier mode de transport.

D'après des renseignements pris aux ateliers de Haine-
Saint-Pierre, un appareil à tiges oscillantes prolongées jusqu'à la profondeur de 1000^m, de la force de 100 chevaux,
avec tiges en fer, plates-formes, chaînes de sûreté, poulies,
machines motrices, machine alimentaire et chaudières, coûterait environ 110,000 francs. Je supposerai 125,000 francs
pour l'appareil de 150 chevaux que j'ai adopté, puisqu'il n'y
aurait de changé, d'une manière notable, que la machine
motrice; et de plus, j'adopterai le chiffre de 10 p. c. pour
intérêt et amortissement du capital d'établissement.

Il en résulterait une dépense journalière, pour 300 jours
de travail, de :

$$\frac{125000}{10.300} = 41 \text{ à } 42 \text{ francs.}$$

soit avec les chauffeur et mécanicien 50 francs en nombre rond,

D'autre part, la machine de la Réunion, au centre du bassin houiller du Hainaut, consomme, pour une puissance nominale de 100 chevaux, environ 330 kil. de houille par heure de travail pendant la remonte. Je supposerai que la consommation totale par jour, corresponde à 10 heures effectives de ce travail; cela fera 3,300 kil. ou environ 40 hectolitres qui, portés à 90 centimes, représenteront une dépense journalière de 36 francs.

L'appareil que j'emploie, d'une force nominale de 150 chevaux, coûterait, sur ces bases, $36\dfrac{150}{100} = 54$ francs par jour, qui, ajoutés aux 50 francs d'intérêt et d'amortissement, feraient 104 francs; à peu près la même somme que l'on dépense aujourd'hui à Anzin pour payer à ces 400 ouvriers le travail d'ascension et de descente sur les échelles fixes.

Le mode de transport par tiges oscillantes à la profondeur de 1000 mètres ne constituera donc, très-probablement, qu'une aggravation insignifiante des charges qui grèvent aujourd'hui cette partie du travail, même en tenant compte des frais d'entretien de l'appareil dont je n'ai pas parlé plus haut.

Enfin si, pour faire une large part aux éventualités, on veut considérer la totalité de la dépense comme un accroissement effectif de charge, il ne s'élèverait encore, dans le cas d'une extraction de 6000 hectolitres, qu'à $\dfrac{104}{6000} = $ fr. 0,0173 par hectolitre ; mais cette hypothèse n'est point admissible, car le transport par les cages que l'on a adopté aujourd'hui presque partout où elles sont établies et que l'on considère comme fort avantageux, coûte aussi chaque jour une somme assez considérable pour consommation de combustible, détérioration des câbles, frais d'entretien des machines, mécanicien, chauffeur, etc. ; cependant je l'adopterai.

Amortissement des câbles. — La durée moyenne d'un câble en aloès est assez variable suivant l'état du puits dans lequel on l'emploie; cependant j'admettrai une durée de 14 mois, qui est, à peu près, celle de garantie du fabricant; et par suite du défaut de renseignement bien positif sur la durée moyenne des câbles en fil de fer, je leur supposerai la même durée.

Le prix de 1 kil. de câble en aloès est aujourd'hui de fr. 1,62 c. environ. Je supposerai le prix de 1 kil. de câble en fils de fer, de fr. 1,17 c., chiffre que je trouve dans le traité d'exploitation de M. Combes.

D'après les poids indiqués dans les tableaux de dimensions des câbles, qui se trouvent dans le chapitre de l'extraction,

Le câble en aloès à 500 mètres, pèserait 3369 kil.
et coûterait par conséquent . . . . 5457 fr.
Le câble en aloès à 1000 mètres, pèserait 9073 kil.
et coûterait par conséquent . . . . 14698 »

Différence. . . 9241 fr.

Le câble en fil de fer à 500 mètres, pèserait 2831 kil.
et coûterait par conséquent . . . . 3312 fr.
Le câble en fil de fer à 1000 mètres, pèserait 7303 kil.
et coûterait par conséquent . . . . 8544 »

Différence. . . 5252 fr.

L'excès d amortissement en 14 mois serait de 18,482 fr. pour deux câbles en aloès, et de 10,464 francs pour deux câbles en fils de fer; et cet accroissement, sur un chiffre d'extraction de 6000 hectolitres pendant 350 jours, ou de 2,100,000 hectolitres, ne représenterait qu'une charge de :

$$\frac{18482}{2,100,000} = \text{fr. } 0,0088 \text{ par hectolitre, pour l'aloès, et de}$$

$$\frac{10464}{2,100,000} = \text{fr. } 0,0050 \text{ pour les câbles en fils de fer.}$$

Consommations des machines d'extraction, d'épuisement et de ventilation. — Pour tirer 6000 hectolitres par jour, de la profondeur de 1000 mètres, nous avons vu que la puissance moyenne de la machine motrice serait de 182 chevaux et la durée du travail d'environ 11 heures. Or, ces machines consomment à peu près 5 kil. de houille par cheval et par heure ; soit pour les 182 chevaux pendant 11 heures :

$$\frac{182 \cdot 5 \cdot 11}{85} = 118 \text{ hectolitres.}$$

A la profondeur de 500 mètres, pour la même extraction, la consommation ne serait que la moitié ; soit 59 hectolitres.

Donc l'accroissement de consommation, en passant de la profondeur actuelle de 500 mètres à celle de 1000 mètres, serait de 59 hectolitres qui, à 90 centimes l'un, représenteraient une dépense journalière de fr. 53,20 c.; soit par hectolitre de houille extraite une augmentation du prix de revient, de $\frac{53,20}{6000} =$ fr. 0,009 environ.

Pour la machine d'épuisement, dont la puissance est de 488 chevaux à la profondeur de 1000 mètres, la consommation ne dépasserait guère 3 $^1/_2$ kil. par cheval et par heure ; soit par 20 heures :

$$\frac{488 \cdot 3,5 \cdot 20}{85} = 402 \text{ hectolitres.}$$

A la profondeur actuelle de 500 mètres, la consommation ne serait que de 201, de sorte que l'augmentation, en passant de la profondeur de 500 mètres à celle de 1000 mètres, serait de 201 hectolitres qui, comptés à 90 centimes, représenteraient un accroissement de dépense journalière de 181 fr., ou par hectolitre de houille extraite, un accroissement du prix de revient de $\frac{181}{6000} =$ fr. 0,03 c.

Mais une machine d'épuisement sert, le plus souvent, à

assécher plusieurs siéges d'exploitation, de sorte que sa dépense de consommation devrait être répartie sur un bien plus grand nombre d'hectolitres que je ne l'ai supposé; cependant, j'admettrai encore que toute la charge repose sur un seul siége qui fournit les 6000 hectolitres, et je négligerai l'accroissement des frais d'entretien des pompes dans les puits, qui serait très-faible.

Enfin, l'accroissement de consommation pour le ventilateur sera aussi très-faible, si toutefois il y a accroissement; quelques chevaux ajoutés à la puissance de la machine motrice, produisent sur l'aérage des effets considérables, et il est probable que dans les circonstances ordinaires, cet accroissement ne pourrait s'évaluer que par une très-petite fraction de centime par hectolitre; aussi je le négligerai.

Remplacement de certaines machines par d'autres plus puissantes. — Pour apprécier l'aggravation de charges qui résultera du remplacement de la plupart des machines d'extraction et d'épuisement actuelles, par des appareils plus puissants, lorsque l'exploitation sera portée à la profondeur de 1000 mètres, je me placerai dans le cas le plus défavorable, celui du passage instantané de la profondeur de 500 mètres, à la profondeur de 1000 mètres, et de l'obligation absolue du remplacement immédiat des machines que je suppose incapables de suffire aux besoins de la nouvelle exploitation. Je néglige ainsi tous les cas dans lesquels les machines qui existent aujourd'hui pourraient être conservées en augmentant leur puissance par l'addition d'une ou deux chaudières, par l'élévation de la tension de la vapeur, par l'introduction de la condensation, enfin par l'accroissement de vitesse du piston moteur, et ces cas sont aujourd'hui extrêmement nombreux, parce qu'en prévision d'une longue durée et de l'obligation future d'un travail plus considérable, presque tous les nouveaux appareils ont été construits pour développer au besoin une puissance bien supérieure à celle qui est nécessaire pour suffire aux besoins de l'extraction actuelle. Il serait facile de citer plusieurs exemples de machines établies, susceptibles de servir jusqu'à la profondeur de 1000 mètres presque sans modifications, tant pour l'extraction que pour l'épuisement.

Pour porter une machine d'extraction, comme celle du Grand-Hornu, de la force de 122 chevaux à la force moyenne de 182 que nous avons reconnue nécessaire pour tirer 6000 hectolitres de la profondeur de 1000 mètres, il n'y aurait évidemment qu'à employer de la vapeur à une pression un peu plus élevée, ou à remplacer les deux cylindres moteurs par d'autres d'un diamètre un peu plus considérables si la vitesse des bobines ainsi obtenue était suffisante ; toute le reste de l'appareil est assez vigoureusement constitué pour supporter cet excédant de travail ; mais j'admettrai qu'il faille remplacer une machine de 90 chevaux par une autre de 182.

Tout le châssis à molettes pourra probablement servir moyennant quelques pièces additionnelles destinées à le rendre plus robuste, et comme aujourd'hui une machine motrice horizontale, à deux cylindres, de la force de 180 chevaux, coûte environ 80,000 francs, je ne pense pas que l'on puisse porter à plus de 90,000 francs la dépense complète du remplacement, en tenant compte de la valeur de l'ancien appareil abandonné.

Si maintenant je suppose une charge annuelle de 10 p. c. pour intérêt et amortissement, soit 9,000 francs ; cela représentera pour 300 jours de travail, une dépense journalière de 30 francs et une charge de $\dfrac{30}{6000} = 0$ fr. 005 par hectolitre de houille.

Quant à la machine d'épuisement, voici comment il me semble que l'on peut évaluer les frais de remplacement :

Toutes les pompes, colonnes et parties de maîtresse-tige placées successivement à mesure que l'exploitation est portée à une plus grande profondeur, pourraient évidemment servir, en prenant la précaution d'allonger toujours la maîtresse-tige par le haut à l'aide de pièces d'un plus fort équarrissage, et il n'en coûtera guère plus de ce chef, pour passer de la profondeur de 900ᵐ à celle de 1,000ᵐ, qu'il n'en a coûté pour passer de la profondeur de 400ᵐ à celle de 500ᵐ.

A de grandes profondeurs, l'approfondissement successif et l'installation de l'appareil dans l'intérieur du puits ne causeront qu'un faible accroissement de charges, puisque les étages de pompes seront les mêmes, et qu'il n'y aura de légèrement augmenté que les frais de placement de ces pompes et l'équarrissage des solives et des clames pour la maîtresse-tige.

Il est peu probable, du reste, que l'on soit obligé d'augmenter les diamètres des corps de pompes, parce que les appareils d'aujourd'hui, excepté dans quelques cas exceptionnels, ne fonctionnent que pendant une assez faible partie de la journée, et que si l'approfondissement amène un peu plus d'eau dans les travaux, cet excédant pourra être enlevé en prolongeant le service de la machine, à moins d'un excessif développement dans l'étendue des travaux souterrains.

Il me semble donc que, dans les circonstances ordinaires, on peut négliger le faible accroissement de charges pour approfondissement de puits, installation et achat des appareils placés dans ce puits, et que l'on peut considérer tous ces frais comme chargeant à peu près également le prix de revient de l'hectolitre de houille tiré d'une profondeur quelconque, d'après les principes exposés au chapitre de l'amortissement, et toutes choses égales d'ailleurs.

Mais, d'un autre côté, il faudra d'autant plus de contre-poids que la profondeur sera plus grande, et les frais, de ce chef, pourront être notablement augmentés à cause de la difficulté d'installation de ces contre-poids.

Quant au remplacement de la machine motrice à traction directe, j'admettrai qu'il doive être fait intégralement.

Or, une de ces machines de la force de 488 chevaux, coûte, aujourd'hui, environ. . . . . .45,000 fr.

D'autre part, pour passer de la profondeur de 500 mètres à celles de 1000 mètres, ou de la force de 244 chevaux à celle de 488, en supposant la même quantité d'eau à extraire, il faut trois chaudières de 80 chevaux en plus, lesquelles coûteront avec les fourneaux 12,000 francs chacune; soit pour les trois. . 36,000

Fondations de la machine. 10,000

Pour une cheminée, si l'ancienne était insuffisante 7,000

Total. . . 98,000 fr.

En supposant une dépense totale de 120,000 francs, pour tenir compte des frais imprévus et des difficultés d'installation des contre-poids, cela représentera une charge de $\frac{120,000}{500.10.6000}$ = fr. 0,006 par hectolitre, en portant à 10 p. c. l'intérêt et l'amortissement.

Si je récapitule maintenant tous les accroissements du prix de revient de l'hectolitre de houille, lorsque l'exploitation sera portée à la profondeur de 1,000 mètres, au lieu de 500 mètres, profondeur actuelle, dans l'hypothèse d'une extraction journalière de 6,000 hectolitres pendant 300 jours par année, et d'un épuisement de 2,620 à 2,640 mètres cubes d'eau par 24 heures, je trouve :

Centimes.

Frais d'entretien des puits et guides, approximativement 0,10

Frais de transport des ouvriers dans le puits, probablement très-faible, mais en négligeant tout le bénéfice de la fatigue épargnée 1,73

Amortissement des câbles en fils de fer. 0,55

Consommation de la machine d'extraction. 0,90

Id.   id.   d'épuisement 3,00

Remplacement de la machine d'extraction. 0,50

Id.   id.   d'épuisement 0,66

Total. . . 7,44

Le prix de revient de l'hectolitre, dans ces conditions, ne serait donc supérieur au prix de revient actuel, que de 7 à 8 centimes, et cependant je ne crois avoir négligé, dans cette appréciation, aucun élément important, ou qui puisse influer, d'une manière notable, sur les conditions économiques de l'exploitation.

Cette aggravation des frais d'extraction ne peut avoir, sur la valeur commerciale du combustible, une influence comparable à celle que possède aujourd'hui une demande un peu plus active que de coutume, et on arrive à ce résultat en exploitant seulement à l'aide des moyens connus et employés, sans supposer aucune modification profitable dans les appareils mécaniques ni dans l'aménagement des travaux intérieurs, en suivant, en un mot, la routine du jour.

Si l'on veut maintenant tenir compte de la durée utile bien plus longue des puits et de tous les travaux de premier établissement, qui résulte de la possibilité d'exploiter jusqu'à d'immenses profondeurs ; de l'inutilité d'amortir aussi rapidement le capital consacré à ces derniers travaux ; des perfectionnements progressifs que reçoivent toutes les opérations que comporte l'exploitation, car chaque année apporte son contingent d'améliorations ; de la tendance générale et parfaitement motivée, à augmenter le chiffre de l'extraction dans un même siége, afin de diminuer la part des frais généraux dans le prix de revient de l'hectolitre de houille ; on reconnaîtra avec moi que, loin d'être plus onéreuse qu'aujourd'hui, l'exploitation de la houille à la profondeur de 1,000 mètres se fera dans des conditions meilleures que les conditions actuelles, et que si la valeur de l'argent, de la main-d'œuvre, du bois, des matériaux, etc., ne changeait pas d'ici à l'époque, encore fort reculée, où l'on aura atteint cette profondeur, le prix de l'hectolitre de ce combustible y serait probablement moindre qu'aujourd'hui.

CONSIDÉRATIONS SUR LES MODIFICATIONS ET PERFECTIONNEMENTS QUI
POURRONT ÊTRE APPORTÉS A L'EXPLOITATION DE LA HOUILLE, DANS
UN AVENIR PLUS OU MOINS PROCHAIN.

Malgré l'état avancé de l'art d'exploiter la houille en Belgique, il est possible néanmoins de concevoir d'assez importantes modifications dans les diverses opérations que comporte cette industrie, et je vais essayer d'exposer quelques idées sur les perfectionnements dont elle me semble susceptible.

Travaux intérieurs. — Les procédés employés pour l'abattage de la houille, la disposition des tailles dans une même couche, me paraissent peu susceptibles d'améliorations ; une longue expérience semble avoir porté cette partie de l'exploitation à un degré de perfection qui ne sera peut-être pas dépassé avant longtemps.

On a bien, de loin en loin, proposé divers appareils mécaniques pour remplacer l'action directe de l'homme dans le havage et l'abattage du combustible ; mais la plus grande partie de ces appareils présentaient un vice radical, c'est qu'ils devaient être mis en mouvement par l'homme lui-même dont le travail se trouvait ainsi obligé de passer par l'intermédiaire d'une machine qui en détruisait directement une partie notable ; il était donc plus rationnel d'appliquer sa puissance tout entière à l'exécution de l'effet utile, à l'aide des outils élémentaires qu'il emploie aujourd'hui. D'un autre côté, quand on a voulu appliquer une force motrice inanimée à ces nouvelles machines, il a été impossible de la créer d'une manière commode et efficace, dans ces conduits souterrains dont la position change à chaque instant. Il en est résulté que toutes ces inventions mécaniques ont été successivement abandonnées, que la plupart n'ont pas même été essayées, et que partout aujourd'hui, on préfère à tout autre appareil les outils ordinaires du mineur.

Mais si la disposition particulière d'un chantier d'exploitation, dans la nature de couches que nous possédons en Belgique, semble à l'abri de toute critique, il n'en est pas de même de la disposition relative de ces chantiers dans l'intérieur de la mine, au moins à partir de l'instant où l'exploitation prend un grand développement.

J'ai supposé, dans ce mémoire, une extraction de 6,000 hectolitres par un seul puits, mais un tel résultat est fort difficile à atteindre avec l'aménagement intérieur de travaux généralement adopté aujourd'hui, et si, au Grand-Hornu, on a pu arriver à un pareil chiffre d'extraction, d'une manière au reste assez irrégulière, c'est le seul exemple que je connaisse, et il a fallu, pour cela, mettre en communication deux siéges d'extraction autrefois desservis par des puits différents. Il est aisé de comprendre que les conditions dans lesquelles cette réunion s'est opérée, ne soient pas les meilleures possibles, au point de vue de la diminution de tous les frais d'exploitation, et l'inconvénient serait encore plus grand si on voulait pousser le développement des travaux au delà de la limite que j'ai supposée.

En effet, on n'exploite aujourd'hui par un même puits qu'un nombre de veines fort restreint, et dans chacune d'elles on ne peut pratiquer que deux chantiers.

Lorsque ces veines sont belles, en plateure, et que le toit est excellent, on ne peut guère enlever dans chaque chantier, et par jour, qu'une tranche de 125 mètres de longueur sur 2 mètres d'avancement, ce qui, en supposant $0^m,50$ d'épaisseur de veine réellement utilisée, porte l'abattage à 125 mètres cubes par chantier. Comme, d'autre part, chaque mètre cube de veine fournit environ 14 hectolitres de houille, cela représenterait un abattage de 1,750 hectolitres par chantier; soit 3,500 hectolitres par siége d'exploitation ainsi constitué. Si on veut faire la part des accidents et obstacles imprévus, on ne pourra guère admettre une moyenne de plus de 3,000 hectolitres, et c'est, en effet, le chiffre ordinaire des princi-

7

pales exploitations de notre pays. Il faudrait donc, au *mini-mum*, deux siéges d'exploitation et quatre chantiers pour fournir 6,000 hectolitres, condition exceptionnelle assez difficile à remplir.

Il vaudrait mieux, puisqu'aujourd'hui on trouve bénéfice à extraire une grande quantité de houille par un même puits, renoncer à ce système d'exploitation dans une ou deux couches seulement, et porter directement les travaux dans un grand nombre de couches à la fois, ce qui peut se faire par un moyen connu et éprouvé, par l'emploi des galeries à travers-bancs ou bouveaux.

Dans la méthode actuelle d'exploitation, quand une couche est épuisée jusqu'à la plus longue distance que permet une production économique, c'est-à-dire jusqu'à une distance qui dépasse 2,000 mètres dans certains cas, on atteint la couche voisine en traversant par des bouveaux les roches qui les séparent dans le voisinage du puits, et l'on recommence à épuiser la nouvelle veine avant de passer à une autre; rarement on en exploite ainsi deux au même niveau. Pourquoi donc ne procéderait-on pas de cette manière dès le début, afin d'ouvrir, en même temps, un nombre en quelque sorte illimité de chantiers dans toutes les couches dont on est propriétaire? On trouverait ainsi l'avantage d'une exploitation considérable en ne donnant, à chaque chantier que l'étendue compatible avec la plus grande économie des frais de production.

En suivant cette marche, les travaux tendraient à dépouiller le terrain houiller par tranches parallèles prises à la même hauteur dans les couches successives, et dont la direction générale serait perpendiculaire à celle de ces couches, tandis qu'aujourd'hui c'est dans la direction propre des veines que s'exploite la masse de combustible.

Il est bien entendu que, dans la méthode que je propose ici et qui a déjà été préconisée par un grand nombre d'ingénieurs, les couches ne devraient être exploitées que dans leur ordre de superposition, c'est-à-dire attaquées par le toit et non par le mur, en terme de mineur, afin d'éviter les inconvénients que présenterait la rupture des terrains compris entre ces couches.

Cette multiplicité de couches en exploitation fournirait le moyen d'établir une compensation, souvent nécessaire, entre les déblais et les remblais de chacune d'elles, en même temps que la possibilité de conserver aux produits une valeur moyenne constante par le mélange des diverses qualités de combustible.

De plus, le transport intérieur sur des voies principales qui ne seraient que très-légèrement inclinées vers le puits, percées en grande partie dans la roche stérile, ce qui est presque toujours favorable à leur conservation, parfaitement entretenues et devant servir longtemps, n'affecterait que fort peu le prix de revient.

La méthode d'exploitation par longues galeries à travers-bancs, que j'expose ici, exige évidemment la possession d'une série nombreuse de couches voisines, et c'est probablement parce que la plupart de nos concessions en Belgique ne sont pas dans ce cas, que l'on n'a pas, jusqu'à présent, réalisé tous les avantages qu'elle peut procurer. Je ne doute pas qu'il n'arrive une époque où l'on réunira plusieurs concessions, ou bien à laquelle les concessions voisines feront des échanges réciproques, afin de pouvoir percer ces galeries à travers-bancs jusqu'à une grande distance du puits d'extraction, et réunir ainsi toutes les conditions d'une exploitation très-développée dont la nécessité deviendra d'autant plus impérieuse que les travaux seront portés à une plus grande profondeur.

Des signaux. — Le seul moyen de communication rapide que l'on ait employé jusqu'à ces derniers temps, entre le fond et la surface, consiste en une sonnette manœuvrée par les hommes qui font le service au bas du puits d'extraction; mais ce moyen est fort imparfait, d'un usage assez restreint et d'une manœuvre difficile. Dans le courant du mois de mai dernier, on a placé, dans le même but, un appareil électrique au puits Saint-Florent du midi du Flénu, dont la profondeur est de 560 mètres et où l'extraction se fait par cages. Ce télégraphe porte une sonnerie pour les signaux de départ des cages et une aiguille qui fournit seulement quelques indications sur un cadran, pour prévenir de la nature des objets que l'on doit apporter ou emporter par ces cages; le fil conducteur de l'électricité est recouvert d'une couche de gutta-percha qui le préserve de l'oxydation.

On est fort satisfait du service de cet appareil, qui coûte environ 800 francs, et il est probable que l'usage de ce moyen de communication avec l'intérieur des travaux, non-seulement deviendra général, mais encore s'étendra dans une même exploitation au point d'établir une correspondance directe de la surface à tous les points principaux de l'exploitation : avantage qui sera d'autant plus grand que celle-ci sera plus développée.

Il pourrait même arriver qu'en cas d'accident, les fils conducteurs ne fussent pas rompus et qu'il fût possible de recevoir des ouvriers, prisonniers dans certaines parties de la mine, des renseignements sur leurs besoins et sur leur position.

Éclairage. — On a fait des essais d'éclairage au gaz dans les puits et galeries principales de certaines mines exemptes de grisou, pour remplacer les lampes que portent les mineurs pour s'éclairer dans le trajet de la surface à la taille, ou pour le transport dans ces galeries ; mais dans l'état présent de l'exploitation, le nombre de lampes que l'on peut ainsi remplacer, est trop faible pour que cette substitution constitue une économie.

En effet, il est impossible d'appliquer ce mode d'éclairage dans les tailles, à cause de la mobilité obligatoire des foyers de lumière, et il est, d'autre part, facile de comprendre qu'il faut plusieurs becs fixes pour remplacer la petite lampe que porte un sclônneur ou un conducteur de chevaux dans les galeries principales, et qui lui suffit pour se diriger et relever, à l'occasion, un chariot déraillé ; et enfin il est fort douteux que l'on arrive économiquement à employer ces becs avec sécurité dans les mines à grisou.

Ce mode d'éclairage fixe, se substituant à l'éclairage mobile, a été essayé à la société des Douze-Actions, au Couchant de Mons, puis abandonné comme dispendieux.

Le gaz y était fabriqué au fond, ce qui me semble peu convenable, à cause de la chaleur développée par tous les foyers souterrains et de la consommation directe d'une partie de l'air destiné à assainir les travaux.

Il est probable cependant que l'on y reviendra un jour, mais quand les travaux du fond auront acquis un grand développement et que le transport dans les galeries principales, deviendra beaucoup plus considérable qu'il ne l'est aujourd'hui. Dans ce cas, le gaz sera probablement fabriqué et conservé à la surface et y servira em même temps à satisfaire aux besoins d'éclairage de tous les établissements groupés dans le voisinage.

Transport intérieur. — On a souvent proposé, et parfois essayé l'emploi de la vapeur au fond, pour le transport des waggons sur les voies principales et pour opérer la remonte de ces waggons sur des plans inclinés lorsqu'on exploite en vallée, c'est-à-dire à un niveau inférieur à celui des galeries de transport. L'essai a été fait, dans ce dernier cas, au charbonnage du Bois-du-Luc et à celui des Douze-Actions, mais les résultats obtenus ont été très-différents.

Au Bois-du-Luc, la machine établie entre le puits de descente et celui de retour d'air, tout au bas de ces puits, recevant en grande abondance l'air pur de l'un et le versant brûlé dans l'autre, a fonctionné et fonctionne encore dans d'assez bonnes conditions, quoiqu'il règne une chaleur suffocante dans l'emplacement qu'elle occupe. Aux Douze-Actions, au contraire, le foyer, placé à 3 ou 400 mètres du puits d'aérage, y déversant les produits de la combustion par une longue galerie de retour d'air, ne recevant qu'une quantité d'air pur insuffisante et ne pouvant produire qu'un tirage imparfait, n'a jamais fourni une quantité de vapeur assez grande pour le service de la machine; de plus, il se produisait dans la chambre de la chaudière, une température si élevée, qu'aucune créature humaine n'y aurait pu subsister; il a donc fallu y renoncer.

Quant à l'emploi des machines fixes pour le transport sur les voies principales à l'aide de cordes et de poulies, ou des locomotives, je n'ai pas appris que l'essai en eût été fait, et il est facile de prédire la presque impossibilité de celui des locomotives.

Du reste, je ne pense pas que ces applications, ou d'autres, de la vapeur au fond des mines, s'étendent jamais beaucoup, surtout quand les travaux deviendront plus profonds, parce qu'elles offrent de très-graves inconvénients; la chaleur qu'elles développent dans des lieux qui déjà, et sans elles, ne peuvent être maintenus à une température modérée qu'à l'aide d'une puissante ventilation; la quantité considérable d'air pur qu'elles consomment dans la mine aux dépens des hommes qu'elle renferme; les gaz nuisibles que, dans certains cas, elles pourraient déverser, dans la circulation générale; les incendies souterrains qu'elles peuvent occasionner; la difficulté d'obtenir un bon tirage et de placer les machines de manière à éviter une partie des inconvénients que je viens de signaler; enfin la presque impossibilité d'une surveillance aussi active qu'à la surface, dans des lieux mal éclairés et exposés à tous les accidents inséparables de leur position; tous ces motifs, et quelques autres moins importants, seront toujours un obstacle excessivement grave à l'emploi des appareils à vapeur au fond des mines.

Il y a, je pense, un moyen bien supérieur d'obtenir au fond des travaux une force motrice inanimée, et à bas prix, pour toutes les opérations du transport sur les plans inclinés ou dans les galeries principales par cordes et poulies, ou pour tout autre opération exigeant une force motrice quelconque. Ce serait d'installer au bas du puits d'épuisement une pompe élévatoire portant l'eau dans un réservoir plus élevé que tous les points de l'exploitation où l'on peut avoir besoin de force motrice; de conduire cette eau, par des tuyaux, jusqu'en chacun de ces points, et de la faire agir sur une roue à augets, une turbine ou une machine à colonne d'eau produisant le travail dont on a besoin ; l'eau utilisée retournerait ensuite vers le puits d'épuisement. La pompe élévatoire serait mise en mouvement par une tige en fer forgé ou en fils de fer agissant par traction et recevant elle-même l'action d'une machine à vapeur placée à la surface , laquelle pourrait en même temps servir pour toutes les manœuvres des pièces lourdes dans le puits des pompes.

Il voudrait mieux employer ainsi une petite machine auxiliaire que de faire opérer ce travail par la maîtresse-tige, parce qu'il arrive souvent que la machine d'épuisement ne fonctionne que pendant quelques heures par jour et qu'elle ne pourrait ensuite fonctionner spécialement pour la pompe élévatoire dont je viens de parler.

C'est, très-probablement, dans cette voie et non ailleurs, qu'il faut chercher l'introduction d'une force motrice inanimée et à bas prix , dans l'intérieur des travaux; la fraîcheur que l'eau répandrait dans ces travaux, la facilité d'installation de machines aussi simples que les roues à augets, l'absence absolue de risques d'incendie et d'émission de gaz délétères, et la presque impossibilité de dérangement des appareils, peuvent faire présager le remplacement de l'homme et du cheval, pour le transport souterrain, par l'eau, au moins dans une certaine mesure. Quant au bas prix de cette force motrice, il est aisé de s'en rendre compte de la manière suivante : supposons que la petite machine qui met en mouvement la pompe élévatoire, brûle 5 kil. de houille par cheval et par heure d'effet utile en eau élevée, et que les appareils

employés pour utiliser la chute ainsi créée artificiellement,
rendent seulement 0,50 d'effet utile ; il en résulterait que
chaque cheval de force de 75 k.m., équivalant à 8 ou 9 hommes, mis à la disposition des opérations que l'on voudrait
exécuter ainsi, serait produit par une consommation de 10
kil. de houille par heure. Si on suppose 12 heures de travail effectif par jour, la consommation journalière s'élèverait
à 120 kil., ou un hectolitre et demi, par cheval ; soit fr. 1,35,
si l'on porte à fr. 0,90 le prix de l'hectolitre de houille.
Je ne crois pas que cette puissance d'un cheval ait jamais
été obtenue à plus bas prix au fond d'une mine, même
quand elle était directement produite sur place par la vapeur, à cause des dépenses accessoires auxquelles on est alors
obligé.

Tous les appareils hydrauliques employés pourraient être
construits de façon que leur déplacement fût facile, à mesure
que les siéges d'exploitation se déplaceraient eux-mêmes, ce
qui n'aurait jamais lieu qu'à d'assez longs intervalles.

Épuisement. — Pour l'épuisement, malgré les difficultés
de construction et les dépenses considérables dans lesquelles
entraine le grandiose des appareils actuellement employés,
je ne conçois très-nettement, dans l'avenir, aucune amélioration bien notable à y apporter. Le seul moyen encore usité
pour exercer à de grandes profondeurs, la pression qui est
nécessaire sur les pistons des pompes, pour refouler l'eau
dans les colonnes, est la maîtresse-tige, masse lourde qui
doit être contrebalancée en partie, qui coûte cher à installer
et j'ignore si l'on parviendra un jour à la remplacer par un
corps plus léger, capable d'agir avec assez d'énergie pour
produire les efforts de traction ou de refoulement nécessaires
à l'opération. On a souvent proposé l'air enfermé dans un
tuyau et comprimé jusqu'à une tension correspondante à la
hauteur à laquelle on voulait élever l'eau d'un seul jet, ou
dilaté de manière à mettre en jeu la pression atmosphérique
pour produire l'élévation du liquide ; mais, dans ce dernier

cas, l'eau ne peut plus être portée d'un seul jet que jusqu'à une hauteur notablement inférieure à $10^m,33$, ce qui multiplierait les appareils outre mesure, dans la hauteur du puits; et d'un autre côté, des tuyaux dans lesquels le vide serait fait de la surface, présenteraient tous les inconvénients des aspirations ordinaires, et exposeraient, non-seulement à d'énormes pertes d'effet utile par suite des rentrées d'air, mais encore à un chômage complet, lorsque le vide deviendrait insuffisant pour produire l'aspiration jusqu'à une hauteur égale à la différence de niveau de deux appareils successifs. Aujourd'hui ces inconvénients ont paru si grands, que l'on supprime même les courtes aspirations des pompes foulantes ordinaires, afin de rendre leur fonctionnement régulier plus certain. Les chemins de fer atmosphériques ont fourni une preuve de la difficulté de faire ainsi le vide dans de longs tuyaux et des pertes considérables qui en résultaient; il est vrai que, dans ce cas, les tuyaux portaient sur toute leur longueur une rainure qui facilitait singulièrement les rentrées d'air, et que cet inconvévient disparaîtrait en partie avec la rainure.

Dans le cas de refoulement de l'air à une pression de plusieurs atmosphères, les appareils successifs pourraient être moins nombreux que lorsque l'on n'agit que par simple aspiration, et ils exposeraient moins à un chômage complet, parce que les pertes pourraient être compensées par une plus grande quantité d'air refoulé dans la colonne principale, mais ces pertes n'en seraient pas moins très-considérables.

Du reste, ce genre d'appareil, dont on a déjà proposé un grand nombre et dont il est facile de modifier les dispositions à l'infini, présente un inconvénient radical, c'est l'énormité du travail à dépenser pour produire un effet utile donné, même en supposant qu'il n'y ait ni fuites ni rentrées d'air.

En effet, avant que l'air agisse comme par traction, dans le cas d'une action par le vide, ou comme par la pression d'une

maîtresse-tige, dans le cas d'une action par refoulement, il
faut qu'il ait atteint, soit le degré de raréfaction, soit le degré
de tension auquel il se comportera comme une tige rigide,
pour produire l'élévation d'une certaine colonne d'eau ; et
pour amener de l'air pris à la pression ordinaire à ce degré
de tension ou de raréfaction, il faut ou le dilater ou le com-
primer mécaniquement, travail qui peut être assimilé à celui
que produit utilement la détente de la vapeur dans les cylindres des machines motrices. Or, ce travail, qui devient considérable dans le cas d'une grande raréfaction ou d'une
grande compression, est entièrement perdu, parce que l'air
ainsi raréfié ou comprimé est abandonné dans cet état après
son action, et par conséquent ne restitue point le travail qu'a
exigé sa diminution ou son augmentation de tension ; c'est-à-
dire qu'il ne restitue point le travail qu'il a fallu dépenser pour
l'amener à l'état de tige rigide, auquel commence seulement
l'effet utile qu'il doit produire.

Ce vice de principe me semble excessivement grave et me
fait penser que jamais on n'aura recours à ce genre d'appareil
pour supprimer la maîtresse-tige, à moins que l'on n'arrive,
par quelque disposition tout à fait imprévue et suffisamment
simple, à obliger de l'air enfermé dans un tuyau à se com-
porter comme un corps non élastique, c'est-à-dire produire,
par exemple, le refoulement, sans qu'il faille alimenter continuellement l'appareil d'air comprimé nouveau ; cet air se
comporterait alors comme un liquide d'une faible densité et
toute l'opération consisterait à le déplacer à l'aide de pistons
se mouvant à la surface, de façon qu'il entrainât dans son
mouvement certaines parties de l'appareil auxquelles on atta-
cherait des pistons de pompes ordinaires, le mouvement étant
possible dans les deux sens.

On supprimerait encore le vice de principe que j'ai signalé,
en imaginant quelque disposition qui permît d'utiliser ou
plutôt de recueillir le travail correspondant à la compression
ou à la dilatation de l'air avant de l'abandonner complétement ;

mais tout ceci est encore , jusqu'à présent , le domaine de l'inconnu, et je n'irai pas plus loin dans cette voie, qui ouvre, du reste, un vaste champ aux recherches des inventeurs.

Aérage. — Les espérances de perfectionnement, dans l'aérage mécanique, sont encore plus restreintes que dans le reste de la série des opérations que comporte l'exploitation de la houille; tout ce que l'on peut désirer aujourd'hui, c'est l'invention de quelque appareil, plus simple que celui de M. Fabry, fonctionnant d'après le même principe, et présentant moins de frottements, de rentrées d'air, ou de moindres chances de dérangement; j'ignore si quelque inventeur arrivera un jour à ce degré de perfectionnement, mais dans tous les cas, il ne sera que d'une importance secondaire.

Quant à la distribution de l'air dans les travaux, on sait parfaitement de quelle façon elle doit être faite pour satisfaire à toutes les exigences et pour réduire à leur *minimum* les résistances que cet air éprouve à se mouvoir à travers le système de conduits que présente une mine; aussi on ne doit pas s'attendre à de bien grandes améliorations dans cette partie du service d'une mine, et si tôt ou tard on voit surgir une invention plus heureuse que celles qui ont été mises en usage dans ces derniers temps, elle fera peut-être la fortune de l'inventeur, mais elle sera, à coup sûr, sans influence notable sur l'avenir de l'exploitation de la houille.

De l'extraction. — C'est peut-être à la recherche des meilleurs moyens d'extraction que l'esprit des inventeurs s'est le plus exercé dans ces derniers temps, à cause de l'importance des résultats qu'il s'agissait d'atteindre.

La machine à molettes et à tonnes, ou à cages, présente quelques inconvénients graves qui deviendront plus fâcheux à mesure que la profondeur et le développement des exploitations deviendront plus considérables. Elle ne peut imprimer, aux charges qu'elle emporte, une vitesse d'ascension susceptible d'un accroissement indéfini et elle ne peut reprendre, au fond, une nouvelle charge, avant que la précédente ait été portée jusqu'à la surface; de sorte que, malgré la possibilité de créer une puissance motrice quelconque pour le service de l'extraction, l'effet utile absolu que l'on pourra tirer de cet appareil, est nécessairement limité et d'autant plus faible que les travaux seront poussés jusqu'à une plus grande profondeur. En outre, les frais d'entretien pour remplacement des câbles à d'assez courts intervalles, sont fort onéreux, et il sera toujours difficile de se mettre complétement à l'abri des accidents qui paraissent inséparables de l'emploi de ces câbles. Ces motifs, parmi lesquels la limitation inévitable de l'extraction a été jusqu'à présent le moins sensible, ont paru suffisants à beaucoup de personnes, pour faire pressentir le remplacement de cet appareil par quelque autre, capable de tirer du fond d'une mine une quantité de houille pour ainsi dire illimitée, présentant moins de chances d'accident et n'exigeant que de moindres frais d'entretien, sans renoncer aux avantages que présentent les cages, d'apporter le charbon de la taille à la surface, dans les waggons mêmes qui l'ont reçu à la taille, afin d'éviter les transbordements et la pulvérisation qui en diminue notablement la valeur commerciale. Puis, pour augmenter l'utilité pratique des nouveaux appareils, les inventeurs se sont efforcés de les rendre propres au transport des ouvriers, avec autant de sécurité que peuvent en offrir les échelles mobiles dont j'ai parlé précédemment.

Le nombre de ces appareils, exécutés en grand ou sur une petite échelle, ou qui ne sont qu'à l'état de projet, est assez considérable, et il y en a sans doute encore plusieurs sur le métier, dont je n'ai point entendu parler.

Les principaux, les seuls qui aient, jusqu'aujourd'hui, attiré vivement l'attention des exploitants, sont :

L'appareil à tiges oscillantes et à simple effet, de M. Méhu, décrit dans le *Traité d'exploitation* de M. Ponson, t. III, p. 327.

L'appareil à tiges oscillantes et à double effet de M. Bource, présenté par M. Warocqué aux expositions du Hainaut et de

Paris, et rappelé dans le même ouvrage, même tome, p. 336.

L'appareil de M. Guibal, à tiges oscillantes et à double effet, décrit dans le même volume, p. 337.

Et l'application des Norias, pour laquelle M. Sadin a pris un brevet et qui est également décrite dans ce même volume, p. 346.

Je crois inutile de revenir ici sur la description de ces appareils, puisqu'elle se trouve dans l'ouvrage que je viens de citer et que, de plus, on pourra trouver, sur leurs dispositions, des considérations supplémentaires, dans un mémoire que j'ai publié dans le *Bulletin du Musée de l'industrie*, livraison d'octobre 1851 et suivantes.

Ce sont des modifications fort ingénieuses du système d'échelles mobiles à une ou à deux tiges, ou de l'appareil sans fin employé dans les hauts fourneaux à élever le minerai, le combustible et les fondants, jusqu'au gueulard.

Le premier seul a été appliqué, et les résultats n'ont point été assez satisfaisants, non-seulement pour en répandre l'usage, mais même pour que l'on continuât à s'en servir au puits Davy, de la compagnie d'Anzin, dans lequel il avait été monté.

Les autres n'ont été construits que sur une petite échelle et seulement pour la démonstration du principe, de sorte qu'il est impossible de formuler un jugement bien motivé sur leur valeur industrielle.

On a encore proposé, mais sans essai, même en petit, un chemin de fer atmosphérique vertical, et même une espèce d'aspiration des charges dans le puits d'extraction, en faisant le vide au-dessus d'un piston qui, pendant tout le parcours, fermerait hermétiquement ce puits. Mais toutes ces inventions, vicieuses en principe par les raisons que j'ai exposées à propos de l'épuisement, présenteraient de telles difficultés dans l'application, qu'il faut, je crois, les laisser retomber dans le néant d'où elles sont sorties.

Il n'en est pas de même des appareils exposés par M. Warocqué et de celui de M. Guibal qui, tous les deux, peuvent

servir à la fois et avec sécurité, au transport de la houille et
des ouvriers, et dont la puissance extractive, à une profondeur quelconque, peut être portée jusqu'à une limite qu'il
est à présent impossible d'assigner, mais qui, bien certainement, dépassera toujours les besoins d'une exploitation développée au delà des bornes que nous pouvons concevoir ; à la
condition, bien entendu, d'une production de puissance motrice proportionnelle à la quantité de houille extraite et à la
profondeur des puits d'extraction.

On a fait, à ces deux appareils, plusieurs reproches que
l'on trouvera exposés dans les ouvrages que j'ai cités plus
haut, et je ne sais jusqu'à quel point l'application viendrait
les confirmer ; mais l'idée principale en est parfaitement rationnelle, et il n'est pas douteux que si on les adopte un jour, les
leçons de l'expérience ne conduisent à des améliorations telles
qu'ils puissent satisfaire à toutes les exigences de la pratique.

Comme je l'ai déjà indiqué à propos des échelles mobiles
pour l'usage des ouvriers, les tiges oscillantes à élever la
houille seront probablement équilibrées en plusieurs points
de leur hauteur, lorsque l'exploitation sera portée à une
grande profondeur, afin de diminuer les dimensions de ces
tiges qui, ainsi équilibrées d'étage en étage, n'auraient plus
à supporter, à leur partie supérieure, que le poids de la
charge mobile qu'elles portent, plus les résistances passives ;
ce qui permettra de les prolonger jusqu'à une énorme profondeur sous des dimensions relativement assez faibles et
augmentera le degré de sécurité qu'elles peuvent offrir, en
produisant, il est vrai, un accroissement de leurs résistances
passives. Peut-être aussi emploiera-t-on un appareil particulier, fixé aux parois du puits et mis en jeu par une petite
machine spéciale ou par la machine motrice principale, pour
opérer le passage des waggons d'une tige à l'autre, lorsque
celles-ci seront immobiles aux limites de leurs courses, au
lieu de produire cette manœuvre par le mouvement même de
ces tiges ; mais il est probable que ces modifications, sur la

valeur desquelles il est impossible de se prononcer dès à présent, ne seront indiquées que par l'expérience, et que ces appareils ne seront portés à un degré de perfection pratique suffisant, qu'à la suite d'une série de tâtonnements faits avec intelligence sur une grande échelle et dans les conditions d'une véritable extraction.

Ce moment est peut-être encore fort éloigné, car la machine à molettes et à cages suffit largement aux besoins de l'exploitation la plus développée d'aujourd'hui, ainsi que le prouve l'exemple du Grand-Hornu, qui, lui-même, n'est pas le dernier mot de cet appareil, dont on pourra probablement augmenter encore la charge utile et la vitesse, et par conséquent la puissance extractive ; et, d'autre part, les chefs d'exploitation, ayant sous la main ce moyen certain d'atteindre le résultat qu'ils désirent obtenir, hésitent toujours à se lancer dans une série d'essais dispendieux qui peuvent n'être pas immédiatement couronnés de succès, ce qui, outre la perte d'argent, occasionnerait une perte de temps qui ne serait pas moins fâcheuse.

Il faut, pour que l'on entre franchement et sans regarder en arrière, dans cette voie de perfectionnement, la loi inflexible de la nécessité ; il faut que le développement de l'exploitation et la profondeur deviennent tels que la machine à cages ne puisse plus suffire à tous les besoins ; qu'il devienne indispensable d'éviter le percement de nouveaux puits, surtout quand il y a des terrains très-aquifères à traverser ; il faut que l'ensemble des travaux souterrains rappelle cette disposition de centres manufacturiers et de chemins de fer, que l'on trouve à la surface de certaines provinces, c'est-à-dire d'une grande voie principale, à laquelle se rattachent de nombreux embranchements qui aboutissent chacun à un chantier d'exploitation particulier et qui amène au bas d'un même puits d'extraction des quantités considérables de combustible. Alors seulement, il y aura nécessité absolue de modifier le système actuel d'extraction et, dans l'état de nos connaissances aujourd'hui, je ne puis comprendre d'autre moyen de satisfaire à de si vastes exigences que par l'emploi des tiges oscillantes dont on modifiera certainement le mécanisme proposé jusqu'à présent, de façon à amoindrir ou même à supprimer tous ses inconvénients présumés.

Je regarde donc la plus grande partie des progrès qu'il est possible d'entrevoir dans l'exploitation de la houille, comme subordonnés, dans l'avenir, au remplacement de la machine à molettes par les tiges oscillantes qui serviront, en même temps, au transport des ouvriers, et je crois que tout homme intelligent qui veut rendre à cette belle industrie un des plus grands services qu'elle puisse recevoir, doit diriger tous ses efforts vers ce but; parce que ce progrès accompli deviendra la source de beaucoup d'autres, et que l'expérience acquise avant l'époque où ce remplacement deviendra indispensable, mettra à l'abri des longs tâtonnements et des déceptions inhérents à toutes les inventions nouvelles, lorsque cet instant sera venu.

Je terminerai ici cette énumération des plus notables perfectionnements dont l'exploitation de la houille me semble susceptible, mais je suis loin de croire que je n'ai rien oublié et que j'ai tout prévu; parce que, dans toutes les branches de l'industrie, on voit surgir, de loin en loin, quelque grande et simple idée qui, précédemment, n'était venue à l'esprit de personne, et qui amène une véritable révolution dans les conditions économiques de la production. L'industrie dont je viens de m'occuper si longuement, est-elle destinée à subir une de ces heureuses révolutions? Je l'ignore; mais, quoi qu'il arrive, j'ai la conviction d'avoir surabondamment prouvé qu'elle a encore devant elle un long avenir de progrès, et que son existence ainsi que les immenses services qu'elle rend à l'humanité, ne seront nullement compromis avant un temps très-éloigné; quand même il ne s'y ferait aucune nouvelle découverte et à la seule condition d'user d'une manière intelligente de toutes les ressources que l'expérience a mises à notre disposition jusqu'aujourd'hui.

NOTE DE L'AUTEUR.

——

Depuis que la première édition de ce mémoire a paru, M. Demanet, lieutenant-colonel du génie, a proposé de tirer la houille et les travailleurs du fond des puits de mines, à l'aide d'un appareil qui diffère complétement de tous ceux que l'on a employé jusqu'aujourd'hui et dont nous allons essayer de donner une idée.

——

Supposons qu'une vis, qui ne peut que tourner autour de son axe, porte un écrou que l'on empêche de tourner avec elle; il est évident que cet écrou montera ou descendra, par tour, d'une quantité égale au pas de la vis, suivant le sens du mouvement de rotation. Il en serait de même de deux écrous placés sur la même vis à une petite distance l'un de l'autre. Si l'on place deux vis semblables dans un puits vertical, en les maintenant parallèles à l'aide de guides ou mains fixés aux parois des puits; que l'on réunisse par deux traverses les écrous qui sont placés à la même hauteur sur ces deux vis, et qu'on se serve de ces traverses pour soutenir une cage contenant des waggons, la cage s'élèvera ou descendra comme les écrous, lorsque le mouvement de rotation imprimé aux vis poussera tous ces écrous dans le même sens.

Les guides ou mains sont disposés de façon qu'ils s'entr'ouvrent au passage des écrous, pour que ceux-ci ne soient point arrêtés dans leur marche.

8

Deux systèmes semblables seraient placés dans un même puits, et, des deux cages, l'une descendrait avec les waggons vides pendant que l'autre monterait avec les waggons pleins, exactement comme lorsqu'elles sont attachées aux câbles d'une machine à molettes.

—

L'idée, certes, est ingénieuse; mais on fait, à son application, plusieurs objections très-sérieuses, dont voici les principales :

1° Les frottements seraient très-considérables et absorberaient une grande partie du travail de la force motrice, ce qui obligerait à l'emploi de machines motrices beaucoup plus puissantes que les machines actuelles, pour tirer la même quantité de houille dans le même temps ;

2° Les vis, pour imprimer aux cages une vitesse égale à celle qu'elles reçoivent aujourd'hui dans la plupart des machines à molettes, devraient tourner avec une vitesse énorme, peu compatible avec un bon service, et, sous une faible vitesse de rotation, l'appareil deviendrait insuffisant pour opérer l'extraction de la quantité de houille que l'on trouve avantageux de tirer aujourd'hui par un seul puits, surtout quand il est très-profond. Dans tous les cas, cet appareil, au point de vue de la puissance d'extraction, serait inférieur aux bons appareils actuels, ce qui en fait un appareil sans avenir, vu la tendance moderne à tirer par un seul puits des quantités de combustible de plus en plus grandes ;

3° La question de sécurité que l'auteur fait valoir en faveur de cette disposition, est au moins fort douteuse, à cause de la multiplicité des assemblages, des mains ou guides mobiles et de la rapidité du mouvement de rotation, même dans le cas d'établissement très-soigné ;

4° Les mains ou guides qui sont fixés aux parois des puits, sont assujettis à participer aux mouvements de ces parois, qui se produisent chaque fois que l'exploitation se rapproche de ces puits; de sorte que les vis seraient sans cesse exposées à tourner autour d'un axe sinueux, ce qui entraînerait d'énormes vibrations, une grande déperdition de travail et accroîtrait rapidement les chances de rupture des diverses parties de l'appareil ;

5° Les accidents y seraient plus graves que la rupture d'un câble dans l'appareil ordinaire, et les réparations entraîneraient, très-probablement, plus de dépense et un chômage plus prolongé ;

6° Les frais d'établissement seraient plus considérables que ceux d'un appareil ordinaire ;

7° Ces vis, pour résister aux efforts de torsion, devraient présenter le même diamètre du haut en bas, ce qui, dans les puits profonds, ne permettrait pas d'agir sur la charge avec un organe de transmission à sections décroissantes, pour en diminuer le poids, comme on le fait dans l'emploi des câbles ;

8° Enfin, quelques autres, tels qu'inégalité de torsion des vis, etc., moins importantes que les précédentes, et que tout mécanicien expérimenté découvrira aisément.

Ces inconvénients, dont quelques-uns sont certains et d'autres seulement très-probables, constituent le nouvel appareil dans un état de véritable infériorité vis-à-vis de l'appareil à molettes, sous tous les points de vue; de sorte qu'il a peu de chances d'être essayé.

Voir, pour plus amples renseignements, la brochure de l'auteur : *Nouvelle machine d'extraction*, par A. Demanet, lieutenant-colonel du génie ; Liége, F. Renard, éditeur, 1859.

RAPPORTS

DE

MM. LES COMMISSAIRES DE L'ACADÉMIE.

Extraits du tome XXIVe des Bulletins.

RAPPORT DE M. DE VAUX.

Il nous reste à vous rendre compte du mémoire n° 4, envoyé sous la devise : *Savoir c'est pouvoir*. Or, ce sera pour nous une tâche d'autant plus agréable que nous sommes en présence d'un travail très-remarquable au fond comme dans la forme, sur lequel la critique peut s'exercer librement, sans crainte d'en affaiblir notablement le mérite.

Interprétant à son point de vue et d'une manière rationnelle la vaste question posée par l'Académie, l'auteur estime qu'avant de se lancer dans la voie des procédés nouveaux, toujours incertains et discutables, il importe de s'assurer si, et dans quelles limites, les moyens connus, bien compris et judicieusement appliqués ou modifiés, pourraient conduire au résultat désiré, d'exploiter la houille à mille mètres au moins de profondeur, sans aggraver sensiblement les conditions économiques dans lesquelles on opère aujourd'hui.

Cela posé, il a divisé son travail en sept chapitres, où il traite successivement, pour des mines d'une profondeur de 1,000 mètres au moins :

1° De la température probable dans les galeries ;

2° De l'extraction ;

3° De l'épuisement ;

4° De l'aérage ;

5° De la descente et de l'ascension des ouvriers ;

6° Des conditions économiques de l'exploitation ;

7° Des modifications et perfectionnements qui pourront être apportés à l'exploitation de la houille à de grandes profondeurs, dans un avenir plus ou moins prochain.

Le chapitre Ier est riche en citations et en raisonnements sur la question des températures de la roche et de l'air des galeries à de grandes profondeurs. Un grand nombre d'expériences y sont mentionnées et les résultats en sont reproduits avec méthode et de manière à exciter l'intérêt. L'auteur y conclut avec raison : que, par une bonne ventilation, et sans devoir vraisemblablement recourir à l'action réfrigérante d'une pluie artificielle d'eau froide qu'on mêlerait à l'air entrant, on combattra victorieusement les effets de l'accroissement de température de la terre et de la chaleur développée par les ouvriers, les chevaux et les lumières, dans des travaux d'exploitation conduits à mille mètres et plus de profondeur.

Dans le deuxième chapitre, consacré à l'étude des moyens d'opérer l'extraction des produits, l'auteur entre dans des détails techniques très-intéressants, d'où il déduit cette conclusion que, moyennant d'employer des câbles plats en fil de fer et d'observer les conditions requises pour en réduire le poids et le prix à un *minimum*, pour régulariser l'effort de traction, pour guider les cages, pour abréger les manœuvres, etc., on peut, sans recourir à des moyens nouveaux, assurer l'extraction journalière de 6,000 hectolitres de houille à 1,000 mètres de profondeur.

Il fait d'ailleurs remarquer que ce travail devant s'accomplir en moins de 12 heures, le moteur, qui se compose, comme au charbonnage du Grand-Hornu, de 2 machines à vapeur accouplées, devra être capable d'un effet utile de 14,600 kilogrammètres par seconde (182 chevaux pratiques), ce qui porte la puissance nominale à 404 chevaux-vapeur. L'auteur a cru prudent de ne prendre ici que 0,45 pour le coefficient d'effet utile, eu égard aux frottements et à la roideur des cordes, qu'il estime, avec raison, devoir être relativement assez considérables dans les conditions où il opère. Nous nous plaisons à signaler les soins et le talent apportés à la solution de cette partie de la question, au point de vue pratique. Cependant, nous ne sommes pas assez convaincu de l'infaillibilité du système, pour nous abstenir de toute observation critique tendant à dissiper les doutes ou les regrets qu'il laisse encore dans notre esprit.

Nos préoccupations portent sur trois points principaux.

a. L'obligation de s'enrouler sur des bobines dont le noyau n'a que 0^m,72 de rayon, ne sera-t-elle pas une cause rapide de destruction pour les câbles en *fils de fer* de 17 millimètres au moins d'épaisseur et sous une charge initiale de plus de 12 mille kilogrammes ? Il est inquiétant de penser qu'un pareil câble doive se courber à angle droit sur un mètre environ de développement.

b. Est-il suffisamment démontré que l'on puisse, sans de graves inconvénients, porter à 6 mètres par seconde, la vitesse *moyenne* d'ascension des charges dans les puits? Qu'on songe que, pour cela, la vitesse près de la surface doit être d'environ 9 mètres, ou 32 ½ kilomètres par heure. Cette rapidité, qui nous met dans les conditions ordinaires du transport sur les chemins de fer, ne peut-elle pas devenir une cause d'accidents pour la translation de cages étroitement guidées dans des puits ?

c. Il est évident que, dans de telles conditions de vitesse, l'action préservative des arrête-cuffats deviendrait presque illusoire, c'est-à-dire qu'elle serait complétement nulle pour l'appareil à verrous (Buttgenbach), et d'un effet très-douteux dans les autres systèmes, même dans celui des freins accouplés agissant par pression sur les faces opposées des guides. Nous reconnaîtrons avec l'auteur, et nous avons déjà eu l'occasion de l'exprimer, qu'à la profondeur de 1,000 mètres, l'usage du cuffat pour la circulation des ouvriers devient presque une impossibilité, eu égard aux autres besoins de l'exploitation, et qu'ainsi l'emploi d'un bon arrête-cuffat perd beaucoup de son importance. Cependant nous ne renonçons pas sans regrets à l'idée de munir les cages d'un appareil capable d'empêcher que la rupture d'un câble devienne une cause puissante de dégradation du matériel et des parois des puits, circonstances qui entraînent toujours à des frais considérables et obligent parfois à un chômage prolongé.

d. Enfin, nous nous étonnons de ne trouver, dans un travail aussi soigné, aucune indication concernant la forme, les dimensions, le revêtement, la position relative, etc., des puits nécessaires à l'exploitation.

Le troisième chapitre, relatif à l'épuisement des eaux, n'est pas traité avec moins de talent que le précédent. Pour fixer les idées, l'auteur suppose qu'il ait à élever par jour, en 20 heures de travail, environ 2,640 mètres cubes d'eau sur toute la hauteur de la fosse, ce qui revient à 2,200 litres par minute à 1,000 mètres, soit une force utile de 480 chevaux, qui exige l'emploi d'une force nominale de $\frac{480}{0,7} = 685$ chevaux-vapeur. Appréciant avec raison l'importance *de ne faire subir, en pareil cas, à toutes les parties de la maitresse-tige que des efforts de traction,* il en déduit cette conséquence, que le fer pourra être avantageusement substitué ou associé au bois dans la construction de ce puissant communicateur du mouvement, et il est méthodiquement conduit à la détermination de la section variable de cette tige en ses diverses parties, et à celle des poids à ajouter ou des contre-poids à faire agir en regard des différents étages des pompes.

L'auteur se montre également très-logique dans le choix qu'il fait de la machine à traction directe, dite *du système Letoret.* Nous approuvons surtout la réserve qu'il recommande d'observer dans l'emploi de la détente.

Persuadé que l'Académie décidera l'impression du mémoire, nous bornerons là notre analyse et nos citations, pour aborder l'examen critique de quelques points que nous croyons devoir rencontrer dans ce rapport.

Disons d'abord qu'en limitant son épuisement, comme il l'a fait, l'auteur est loin d'en avoir proportionné les difficultés à la profondeur, puisque déjà aujourd'hui, dans plusieurs charbonnages, où l'on exploite à moins de 500 mètres de la surface, on a établi, par nécessité ou par prévision, des machines d'épuisement d'une force de 500 chevaux. Nous conviendrons que la condition qu'il s'est imposée, d'extraire, depuis le fond, 2,640 mètres cubes d'eau par jour, permettra d'exploiter complétement à la profondeur de 1,000 mètres dans un grand nombre de concessions ; mais ne convenait-il pas de se préoccuper aussi de cas défavorables, analogues à ceux qui obligent nos exploitants actuels à organiser des moyens d'exhaure très-puissants pour opérer l'assèchement à trois ou quatre cents mètres seulement de profondeur ? Ici nous n'hésitons pas à déclarer que, dans notre esprit, la question se compliquait de cette éventualité, que cette partie du programme était par cela même une des plus difficiles à résoudre, et qu'elle semblait, plus qu'aucune autre peut-être, appeler des modifications radicales aux moyens actuellement en usage.

Voyons, au surplus, sans sortir du cercle restreint adopté par l'auteur du mémoire, à quelles conséquences on se trouve déjà amené.

Le moteur, qui agit sur les pompes par l'intermédiaire de la maîtresse-tige est d'une puissance de 685 chevaux-vapeur, ce qui répond à 3,082,500 kilogrammètres par minute, et comme le chemin parcouru sous l'action de la vapeur n'est que de $17^m,50$ (à raison de 5 coups de piston de $3^m,5$ de course), l'effort de traction moyen sera, quoi qu'on puisse faire, d'environ 176,000 kilogrammes, sans compter l'excédant notable qui résulterait de l'emploi de la détente. Or, nous n'admettons pas comme suffisamment prouvé par l'expérience que, même par traction, de pareils efforts puissent s'exercer sans inconvénients avec nos matériaux et nos moyens ordinaires d'assemblage, d'exécution, etc. Cette observation critique sera assurément goûtée par l'auteur lui-même, qui a si bien montré, au début de ce chapitre, la difficulté d'empêcher la dislocation d'une maîtresse-tige soumise incessamment à un travail aussi rude et aussi compromettant.

Nous n'acceptons pas non plus sans inquiétude l'obligation de soumettre à un mouvement alternatif, des masses aussi considérables, et encore moins l'idée d'opérer par détente, dans les limites indiquées ; car la vitesse de $2^m,5$, adoptée par l'auteur comme un *maximum*, nous semble déjà exorbitante pour de pareilles masses et peu compatible avec le jeu régulier de la pompe élévatoire employée pour l'étage du fond.

L'emploi indiqué d'un volant à mouvement alternatif, commandé directement par la maîtresse-tige, afin de diminuer les masses, dans le cas de la détente, nous semble pouvoir être essayé ; mais ce n'est à nos yeux qu'un palliatif qui ne laisserait pas que de compliquer l'organisation, et dont la fonction régulière aurait besoin d'être consacrée par l'expérience.

Or, tous ces inconvénients pratiques, qui acquerraient encore plus de gravité, si la quantité d'eau à élever dépassait sensiblement celle qui est supposée, étant la conséquence du système adopté dans lequel l'ensemble des attirails reçoit l'impulsion en *un seul point* près de la surface, pour la transmettre, jusqu'à 1,000 mètres de distance, à tous les étages des pompes, nous aurions désiré que l'on s'attachât davantage à rechercher un moyen de subdiviser cette impulsion de manière, sinon à supprimer la maîtresse-tige, du moins à en réduire considérablement les dimensions et le poids.

Empressons-nous toutefois de dire que les considérations judicieuses qui enrichissent cette partie du mémoire, méritent d'être signalées, et que si elles ne nous satisfont pas d'une manière absolue pour le cas d'un épuisement considérable à 1,000 mètres de profondeur, elles offrent dès aujourd'hui une utilité d'application incontestable pour guider les exploitants de mines dans l'organisation rationnelle et économique des moyens d'épuisement à des profondeurs moindres.

La question de l'aérage nous paraît traitée, dans le chapitre quatrième, d'une manière méthodique et suffisamment développée.

Nous aurions cependant su gré à l'auteur de passer moins légèrement sur l'emploi des foyers alimentés par de l'air pur (*foyers français*); de comprendre, dans l'étude comparative des systèmes de ventilation artificielle, l'usage des jets de vapeur à haute pression qui a été essayé dans quelques mines de la Grande-Bretagne; de mentionner au nombre des inconvénients de l'aérage par insufflation celui d'ajouter encore à la densité de l'air des travaux, densité qui, à raison de la profondeur, augmente déjà sensiblement à partir de la surface; comme aussi de repousser plus énergiquement en principe l'idée de faire circuler les ouvriers dans le puits de sortie de l'air.

Quant à la préférence accordée provisoirement au ventilateur Fabry, nous la trouvons établie d'une manière assez logique; nous ne pouvons, toutefois, admettre comme rigoureusement caractéristique la base adoptée par l'auteur pour classer ces appareils en deux catégories distinctes, selon qu'ils laissent libre ou qu'ils empêchent *totalement* la circulation de l'air, quand ils cessent de fonctionner; car si ce reproche est fondé pour la cagniardelle et pour les appareils Fabry, Lemielle et autres du même genre, il ne l'est pas au même degré pour les machines à pistons, à cloches plongeantes, etc., dans lesquelles les clapets convenablement équilibrés n'offriraient qu'un très-faible résistance au rétablissement du courant naturel.

Nous ne devons pas, au surplus, laisser passer sans observation le reproche adressé trop généralement aux ventilateurs à ailes planes ou courbes, de consommer plus de travail mécanique pour un même effet utile, puisque le contraire a lieu toutes les fois que la circulation d'air n'exige qu'une faible dépression.

Enfin, nous aurions aimé de rencontrer dans un travail aussi remarquable à tant d'autres points de vue, un examen plus minutieux du mérite relatif des divers appareils connus, et notamment du système Lemielle et du ventilatenr à trois cloches plongeantes, dont la pratique ne s'est peut-être par assez occupée jusqu'ici.

Dans la chapitre V, l'auteur passe rapidement en revue les divers moyens connus pour opérer la descente et l'ascension des ouvriers, et après avoirs écarté : 1° l'usage journalier des échelles fixes, qui absorberait ici, en pure perte, une trop grande partie du trayail utile dont l'homme est capable ; 2° la translation par les paniers ou cuffats, qui, dans les conditions actuelles de l'exploitation, est déjà inconciliable avec la sûreté des ouvriers et avec la rapidité que comporte cette opération, eu égard aux autres besoins du service ; il établit un parallèle raisonné entre l'emploi des cages guidées et celui des échelles mobiles ou tiges oscillantes (*Fahrkunst*). Il résulte de sa discussion, qu'au point de vue de la sécurité, et même à celui de l'économie, lorsqu'il s'agit de desservir des travaux considérables, la préférence doit être accordée à ce dernier mode de transport.

Nous serions bien tenté de reprocher encore ici à l'auteur d'avoir glissé si légèrement sur l'appréciation du rôle qui pourrait être réservé aux arrête-cuffats, considérés comme appareils de sûreté ; mais, outre que nous avons déjà fait remarquer que la grande vitesse que le cas exige suffirait vraisemblablement pour en rendre l'efficacité douteuse, nous avons hâte d'appeler l'attention sur la partie importante de ce chapitre, celle qui traite des moyens pratiques d'organiser un système d'échelles mobiles pour pénétrer à de très-grandes profondeurs, et cela en se servant de tiges de dimensions très-ordinaires.

Le principe fondamental qui permet d'atteindre ce résultat a déjà trouvé partiellement son application dans le chapitre relatif à l'épuisement. Il consiste à annuler en quelque sorte le poids des tiges, en les équilibrant, par parties, en un grand nombre de points de la hauteur du puits, soit l'une par l'autre, soit chacune séparément, à l'aide de contre-poids ou toute autre disposition qui puisse en tenir lieu.

La difficulté, comme le dit le mémoire, pour équilibrer les tiges l'une par l'autre, est de régler la tension des chaînes de sûreté sur l'effort réel que chacune d'elles doit exercer, afin d'éviter que les tiges n'aient à fléchir, en descendant, sous un effort de compression. Mais cette difficulté n'est évidemment pas insurmontable, et peut-être y serait-il efficacement pourvu en munissant chacune de ces chaînes de vis de rappel, pour en modifier au besoin la longueur, et d'un anneau élastique servant de dynamomètre qui permette d'en apprécier approximativement la tension.

Si l'expérience repoussait ce moyen, on aurait la ressource d'équilibrer les deux tiges séparément et par parties, soit à l'aide de contre-poids agissant en un grand nombre de points par l'intermédiaire d'autant de poulies de renvoi, soit au moyen de flotteurs noyés animés d'une force ascensionnelle égale au poids de la partie de tige correspondante.

Avec de telles dispositions, et moyennant de substituer, comme on l'a fait à Seraing, le fer au bois pour la construction des tiges, nous pensons que l'établissement et le service du système d'échelles oscillantes recommandé par l'auteur, ne présenterait aucune difficulté sérieuse et offrirait un des moyens les plus rationnels et les plus économiques d'assurer la translation journalière des ouvriers à 1,000 mètres et plus de profondeur.

En résumé, nous estimons que le mémoire laisse peu de chose à désirer sur cette partie importante du programme.

Dans le sixième chapitre, après avoir posé quelques règles générales concernant l'évaluation des prix de revient de la houille dans des circonstances données, l'auteur s'attache plus particulièrement à apprécier les éléments qui peuvent augmenter avec la profondeur. Il arrive ainsi, en passant de 500 à 1,000

mètres, à une augmentation d'environ 7 à 8 centimes sur le prix
de revient de l'hectolitre, savoir :

		Centim.
1° Entretien des puits.		0,10
2° Descente et sortie des ouvriers		1,75
3° Amortissement des câbles		0,56
4° Consommation de la machine d'extraction. . .		0,70
5° id. id. d'épuisement . .		3,00
6° Remplacement de la machine d'extraction. . .		0,50
7° id. id. d'épuisement . .		0,66
Excédant total. . . .		7,44

Cette différence, déjà très-satisfaisante, nous est d'ailleurs
présentée comme devant être réduite encore et peut-être entièrement effacée, si l'on tient compte de la durée utile bien plus
longue des puits et autres travaux de premier établissement,
ainsi que des perfectionnements de tous genres dont chaque
année apporte son contingent dans les divers détails de l'exploitation.

Les réserves que nous avons faites en parlant de l'extraction
et surtout de l'épuisement des eaux, doivent nécessairement se
reproduire ici et nous empêcher d'admettre sans restriction les
chiffres du mémoire.

Mais si nous différons dans quelques détails, nous acceptons
avec confiance et conviction l'idée que, dans un avenir plus ou
moins prochain, l'exploitation de la houille pourra s'opérer
à 1,000 mètres au moins de profondeur, sans voir augmenter
notablement les dangers, les difficultés et les frais.

Comme on doit s'y attendre, en présence des solutions données sur les différentes parties de la question, solutions qui s'ac-
cordent avec la déclaration que l'on n'éprouve pas encore ici le
besoin de s'écarter sensiblement des moyens connus, l'auteur,
dans le septième chapitre, se montre très-réservé dans l'invention et très-défiant dans l'introduction des procédés non encore
consacrés par l'expérience.

On en jugera par l'analyse succincte qui va suivre des idées
neuves émises sur les divers points qui ont fixé son attention.

a. En ce qui concerne l'aménagement des travaux intérieurs, il recommande, en vue de pourvoir à une extraction journalière de 6,000 hectolitres au moins, d'attaquer *à la fois* l'exploitation de plusieurs couches au même niveau, seul moyen d'avoir toujours des tailles organisées pour suppléer à celles que des irrégularités d'allure rendraient momentanément improductives.

b. Il conseille la substitution, déjà appliquée dans quelques charbonnages, de la télégraphie électrique aux systèmes grossiers actuellement en usage pour correspondre par signaux entre la surface et les différents points des travaux.

c. N'admettant l'éclairage par le gaz qu'exceptionnellement et pour des travaux réguliers et durables, il engage, dans ce cas, à établir au jour les appareils destinés à produire le gaz, d'en faire profiter en même temps les ateliers, les machines, les bureaux, les magasins et autres dépendances de l'exploitation.

d. Il repousse assez généralement l'idée d'appliquer au *transport intérieur* des machines à vapeur placées au fond des travaux, non qu'il considère cet auxiliaire comme inutile, mais à cause des embarras et des inconvénients réels qu'il présente, notamment de la difficulté de surveillance et de l'incommodité de la chaleur au voisinage des foyers. Aussi, propose-t-il un moyen, assez ingénieux et admissible en pareil cas, de remplacer l'action de ces machines. Ce système, esquissé en termes généraux, consiste à permettre à une partie des eaux élevées par la machine d'épuisement de redescendre à partir d'une certaine hauteur jusqu'au fond du puits, et à utiliser cette chute pour opérer la traction sur les voies de transport par un moteur hydraulique approprié aux circonstances.

Nous ne doutons pas que ce moyen ne puisse recevoir d'utiles applications, mais nous ne trouvons rien dans le mémoire qui donne la mesure des avantages économiques qu'il peut réaliser, ni qui justifie la préférence qui lui est accordée sur l'emploi de l'air comprimé ou dilaté.

e. Après ce que nous avons dit au chapitre spécial de l'épuisement, nous ne pouvons qu'approuver le retour implicite que l'auteur fait ici sur lui-même, en se préoccupant des moyens de réduire la masse énorme des attirails que nos systèmes ordinaires mettent en jeu. Nous nous croyons donc autorisé à témoigner notre étonnement qu'il n'ait pas approfondi davantage l'étude des moyens proposés depuis longtemps à cette fin, notamment l'emploi de l'air et celui de la vapeur dans les conditions indiquées respectivement dans le chapitre final d'un mémoire de 1855, qui nous a valu l'honneur de siéger au milieu de vous, et dans une notice spéciale, publiée à Liége en 1856, sous le titre de *Nouveau moyen d'appliquer la vapeur à l'épuisement des eaux et à l'aréage des travaux dans les mines.*

Avec le talent d'observation dont nous trouvons tant de preuves dans ce travail, il eut été intéressant de voir l'auteur aborder sérieusement la discussion de ces systèmes qui, bien que nouveaux, ne s'écartent pas tellement de certaines applications éprouvées en industrie, pour qu'on puisse les regarder par cela seul comme inacceptables en pratique.

f. En ce qui concerne l'aérage, il n'émet aucune idée nouvelle, et nous n'ajouterons rien non plus aux observations que nous avons déjà eu l'occasion de faire à ce sujet.

g. Quant aux moyens d'extraction, il s'en préoccupe vivement, et semble pressentir, comme pour l'épuisement, le besoin de recourir à des procédés nouveaux. Il montre, d'ailleurs, assez de confiance dans le succès des perfectionnements que peuvent subir les appareils à tiges oscillantes, particulièrement ceux proposés et exécutés en petit par M. Warocqué, à Mariemont, et par M. Guibal, professeur à Mons. Nous nous associons franchement à ce désir, et nous ne repoussons pas l'idée émise, d'emprunter à la machine établie à la surface, la manœuvre d'un mécanisme qui, à chaque arrêt des tiges, ferait passer de l'une à l'autre les chariots montants ou descendants; nous faisons, comme lui, une condition essentielle et impérieuse de l'emploi de dispositions simples pour annuler, en quelque sorte, le poids de ces tiges en les équilibrant par parties sur toute la hauteur du puits, seul moyen de maintenir les efforts de traction dans des limites compatibles avec la résistance de nos matériaux; mais nous devons dire que la plus grande difficulté, à nos yeux, réside dans la précision de marche que réclame l'échange des charges entre les deux tiges. Qu'un assemblage prenne du jeu, qu'une chaîne ou qu'un tirant s'allonge, qu'en un mot, par des causes quelconques, les paliers correspondants des deux tiges ne se trouvent plus rigoureusement au même niveau pendant les arrêts; ce qui n'occasionnera qu'un peu de gêne pour les ouvriers, qui sauront, au besoin, élever ou abaisser le pied de quelques centimètres, pourra devenir un obstacle pour la translation purement mécanique des charges inertes confiées aux deux tiges. Nous ne regardons donc pas comme complétement résolu le problème important de l'extraction des produits d'une mine profonde par le système d'ascension continue; mais nous croyons que c'est faire encore ici preuve de beaucoup de tact, que d'en attribuer la solution prochaine à l'emploi intelligent des tiges oscillantes.

Notre conclusion, à la suite de l'exposé critique que nous venons de faire, sera de tout point favorable à l'auteur. Nous le disons avec la conviction et avec l'espoir que cette appréciation sera confirmée par la classe et par l'élite de nos exploitants de mines, il était difficile de traiter avec plus de talent et de méthode, au point de vue pratique et industriel, la vaste question qui faisait l'objet du concours.

Autant nous avons montré de sévérité et d'exigence dans la discussion, autant nous tenons à reconnaître le mérite de l'œuvre qui est soumise à notre jugement et à signaler les avantages immédiats que l'art de l'exploitation pourra retirer de la publicité donnée à ce travail.

Nous concluons, en conséquence, à l'impression du mémoire et à ce que l'auteur reçoive, en récompense de ses efforts, la somme de 2,000 francs affectée par le gouvernement à la solution de la question proposée. »

26 novembre 1856.

RAPPORT DE M. LAMARLE.

J'admets avec mes honorables confrères, MM. De Vaux et Brasseur, que les mémoires n⁰ˢ 1, 2, 3 ne satisfont pas aux conditions du programme.

En ce qui concerne le mémoire n° 4, j'éprouve un double embarras, d'abord à raison de mon incompétence, ensuite, par le motif que les conclusions de MM. De Vaux et Brasseur ne sont point concordantes. J'essayerai, toutefois, d'émettre une opinion en m'aidant du programme, du mémoire, et des observations présentées par mes honorables confrères.

Aux termes du programme, il ne s'agit pas, selon moi, d'appliquer à des profondeurs de mille mètres au moins, les moyens d'exploitation employés aujourd'hui pour des profondeurs de cinq à six cents mètres au plus, mais bien de modifier les procédés usuels et, au besoin, de les remplacer par des procédés nouveaux, de manière à pouvoir atteindre et dépasser la profondeur de mille mètres, sans aggravation sensible des conditions économiques dans lesquelles on opère actuellement en Belgique.

Sous ce rapport essentiel, j'établis une distinction entre les sept chapitres dont se compose le mémoire n° 4. Je considère comme secondaire le chapitre Iᵉʳ, relatif à la température dans les mines profondes, le chapitre IVᵐᵉ, qui traite de l'aréage à mille mètres de profondeur, le chapitre VIᵐᵉ, qui résume, au point de vue des conditions économiques de l'exploitation, les chapitres précédents, et enfin le chapitre VIIᵐᵉ, où se trouvent indiquées, plutôt que résolues, diverses questions relatives aux perfectionnements réalisables dans un avenir plus ou moins éloigné. Je regarde, au contraire, comme ayant une importance tout à fait capitale, les chapitres IIme, IIIme et Vme, où il s'agit respectivement de l'extraction des produits, de l'épuisement des eaux, de la descente et de l'ascension des ouvriers.

Les détails donnés par l'auteur sur les facilités que l'aérage ne cessera pas d'offrir à la profondeur de mille mètres et sur les ressources qu'il fournira pour un abaissement convenable de la température, ont sans doute de l'intérêt, mais, d'avance, cette partie de la question pouvait être considérée comme résolue, et là n'est point la difficulté : elle est tout entière dans les points qui font l'objet des chapitres IIme, IIIme et Vme. C'est donc à l'examen de ces chapitres que j'ai cru devoir m'arrêter.

Le chapitre IIme traite de l'extraction à mille mètres de profondeur.

Les moyens proposés par l'auteur ne diffèrent pas sensiblement des procédés usuels, dont ils ne sont que la simple extension.

De ce chef, la dépense doit croître suivant une loi plus rapide que l'approfondissement.

En admettant qu'un câble en fil de fer de $0^m,0175$ d'épaisseur doive s'enrouler sur une bobine de $0^m,72$ de rayon, l'auteur me paraît s'être placé dans des conditions éminemment dangereuses et que je ne crois point acceptables. Il en est de même, bien qu'à un degré moindre, de la vitesse moyenne de 6 mètres par seconde, qu'il adopte pour la descente et l'ascension des cages.

Les objections que ces deux points soulèvent, ont une gravité réelle. Il en est d'autres sur lesquelles M. Brasseur insiste particulièrement et qui doivent aussi fixer l'attention.

En présence de ces objections et des observations précédentes, il ne me paraît pas que la solution contenue dans le chapitre IIme puisse être acceptée comme satisfaisante.

Le chapitre IIIme a pour objet l'épuisement des eaux à la profondeur de mille mètres.

Ici, comme dans le chapitre IIme, l'auteur ne fait guère qu'appliquer à la profondeur de mille mètres les moyens employés dès à présent, dans des circonstances beaucoup moins difficiles. Les modifications qu'il propose d'apporter aux procédés actuels ont une valeur médiocre ou problématique, et, d'ailleurs, il ne paraît pas qu'elles permettent de descendre à mille mètres de profondeur sans augmenter proportionnellement la dépense correspondante à l'épuisement des eaux.

Selon M. De Vaux, cette partie du programme était une des plus difficiles à résoudre. Plus qu'aucune autre, peut-être, elle semblait appeler des modifications radicales aux moyens actuellement en usage. En la résolvant, comme il l'a fait, l'auteur n'a pas pris garde qu'une tension moyenne équivalente à 176,000 kilogrammes semblait peu compatible avec les moyens et les ressources ordinaires. M. De Vaux n'accepterait pas non plus, sans inquiétude, l'obligation de soumettre à des alternatives de va-et-vient, incessamment répétées, des masses aussi considérables que celles que l'auteur met en mouvement pour l'ascension des eaux.

De son côté, M. Brasseur présente des objections non moins graves, concernant : 1° les difficultés et les frais d'établissement des contre-poids proposés par l'auteur ; 2° les calculs relatifs à la puissance motrice nécessaire pour produire les effets voulus.

Ces observations montrent que la solution présentée dans le chapitre IIIme n'est pas moins insuffisante que celle du IIme chapitre.

Le chapitre Vme concerne la descente et l'ascension des ouvriers.

Entre les systèmes connus et employés, l'auteur choisit les tiges oscillantes et, pour résoudre la question proposée, il se borne à une simple extension des moyens employés à Mariemont. Toutefois, c'est à tort, me semble-t-il, qu'après avoir constaté qu'à Mariemont, la machine motrice est de cent chevaux, pour une profondeur de 540 mètres, il admet comme suffisante pour une profondeur double une machine de cent cinquante chevaux seulement. Il paraît évident que, toutes choses égales d'ailleurs, la puissance du moteur doit croître proportionnellement à la profondeur, sinon plus rapidement.

C'est assez dire qu'ici, de même que pour les chapitres IIme et IIIme, je ne vois pas la solution demandée.

En résumé, il m'a paru que les chapitres Ier, IVme, VIme et VIIme n'avaient qu'une importance accessoire, et que les chapitres IIme, IIIme et Vme ne résolvaient pas la question proposée.

Selon moi, c'est uniquement parce que la solution cherchée impliquait autre chose qu'une simple extenstion des procédés usuels qu'un concours a été ouvert par la classe des sciences. Or, s'il est vrai, comme je le pense, que le n° 4 n'ouvre aucune voie nouvelle pour les exploitations à mille mètres de profondeur, il en résulte qu'il n'atteint pas le but et n'a, par conséquent, aucun titre à l'obtention du prix.

En posant la conclusion négative que je viens de formuler, je n'entends pas contester le mérite intrinsèque du mémoire n° 4. Sous ce rapport, je n'ai aucun motif de ne point m'associer aux éloges que mes honorables confrères décernent à l'auteur. Je me demande, toutefois, s'il y a lieu de considérer comme étant remplie la condition subsidiaire, énoncée dans les termes suivants :

« Dans l'hypothèse où le prix ne serait pas remporté, la
» classe se réserve de s'entendre avec le gouvernement pour
» récompenser, selon son mérite, l'auteur qui *résoudrait un*
» *des points principaux du problème,* notamment celui qui
» consisterait à trouver, pour la descente et l'ascension des
» ouvriers, un moyen présentant toutes les conditions désira-
» bles, au triple point de vue de la sûreté, de l'absence de fa-
» tigue et de l'économie. »

Quel que soit le mérite du mémoire n° 4, je n'y trouve rien qui constitue une solution nouvelle et complète l'un des points principaux du problème à résoudre. De là vient mon hésitation à me rallier aux propositions de M. Brasseur. La classe appréciera.

RAPPORT DE M. BRASSEUR.

Nous partageons l'avis de l'honorable M. De Vaux sur les mémoires nos 1, 2, 3 ; seulement, nous n'en demandons pas l'insertion dans les *Annales des travaux publics*, par la raison que l'Académie ne peut demander l'insertion, dans un journal étranger, d'un écrit qu'elle ne juge pas digne de figurer dans ses propres mémoires, et que, d'ailleurs, l'insertion du n° 2, concernant une description d'un arrête-cuffat, que je reconnais bon, pourrait enlever à son auteur le droit de prendre un brevet.

Quant au mémoire n° 4, portant pour devise : *Savoir, c'est pouvoir*, nous commençons par exprimer le regret qu'un temps suffisant ne soit pas accordé à chacun des commissaires pour pouvoir apprécier, à leur juste valeur, les mémoires en réponse aux questions posées par l'Académie ; d'autant plus que, dans le cas actuel, outre une médaille d'or, une somme de deux mille francs est attachée à une bonne solution de la question posée.

Nous devons ajouter tout de suite que l'honorable M. De Vaux, premier commissaire, n'a pas consacré trop de temps à l'examen des mémoires qui ont été envoyés à l'Académie ; mais nous devons déclarer que nous ne les avons pas eus un temps suffisant pour asseoir notre jugement sur tous les points traités par l'auteur du mémoire n° 4, le seul qui mérite un examen sérieux.

Dans cet état de choses, nous avons concentré notre critique sur les deux points que nous considérons comme les plus essentiels de la question, savoir : *l'extraction* et *l'épuisement*.

CHAPITRE EXTRACTION. — En ce qui concerne l'extraction, l'auteur ne nous semble pas avoir entrevu les vraies difficultés du calcul d'une machine d'extraction et de ses accessoires, bobines et cordes.

Constatons d'abord que la grande difficulté consiste à concilier, si c'est possible, pour une corde de 1,000 mètres, la vitesse nécessairement variable des bobines avec une vitesse uniforme que devraient avoir les cuffats ou les cages.

Voici la solution de l'auteur : Il calcule d'abord, en ayant égard au poids propre de la corde et à celui qu'elle supporte à son extrémité, les épaisseurs qu'elle doit avoir pour que ses sections, de 100 en 100 mètres, offrent une égale résistance à la rupture. Il trouve ainsi que les quatre premières centaines de mètres ont respectivement pour épaisseur $0^m,05$, 0^m0464, $0^m,0433$, $0^m,0406$, jusqu'à la dernière centaine dont l'épaisseur est de $0^m,03$. (Voir page 27.) Faisons d'abord remarquer que, dans le calcul de ces épaisseurs, l'auteur néglige la résistance que les cuffats éprouvent de la part de l'air; ce qui pouvait se faire d'autant moins, que l'auteur propose ensuite (page 36) de faire marcher les cuffats à la vitesse moyenne de 6 mètres. En calculant ces épaisseurs, dont nous signalerons plus bas les défauts, l'auteur diminue la largeur de la corde de 100 en 100 mètres. C'est ainsi qu'il y a une différence de près de $0^m,10$ entre la première et la dernière centaine de mètres. Cette inégalité de largeur offre un grave inconvénient, en ce que la corde, qui aura ainsi de chaque côté, entre les rayons des bobines, un jeu de $0^m,05$, ne se trouve plus guidée par ces rayons, et ainsi peut s'enrouler à faux en ne portant que par une portion de sa largeur sur celle déjà enroulée.

Rayon du noyau des bobines. — Pour ce qui concerne le rayon du noyau des bobines, l'auteur se contente (page 34) d'affirmer « qu'on obtient une très-grande régularité dans le » travail de la résistance, pendant une ascension complète, en » donnant aux noyaux des bobines un diamètre tel, que le mo- » ment effectif de la résistance soit le même au commencement » et à la fin d'une opération. »

La formule à laquelle conduit ce principe, en supposant la corde d'une égale épaisseur, est due à M. Ponson, et l'auteur ne fait que la rendre applicable au cas où la corde a une épaisseur variable. Il trouve ainsi (page 36) que le rayon du noyau des bobines doit être égal à 1ᵐ,005 pour la corde en aloès.

Disons en passant que la formule de l'auteur n'est pas exacte, parce que celle de M. Ponson ne l'est pas : l'égalité $\pi R^2 - \pi r' = Le$ (page 34) n'existe pas, le deuxième membre étant plus petit que le premier, et par suite la valeur de r déduite de cette formule et de celle de l'auteur est trop grande. Par une formule exacte, l'auteur aurait donc trouvé un rayon inférieur à 1 mètre.

Si l'on considère que la corde de 0ᵐ,05 d'épaisseur et dont la tension est de 15,953 kilos, doit s'enrouler 188 fois en 10 ½ heures (page 57) sur un noyau de si petit rayon, on sera convaincu qu'elle ne tardera pas à être mise hors de service.

Nous ferons la même remarque sur le câble en fil de fer de 0ᵐ,017 d'épaisseur, qui devra s'enrouler sur un noyau de 0ᵐ,72 de rayon.

M. Combes indique, en effet, qu'une corde en fil de fer ne doit pas être enroulée sur un tambour d'un diamètre inférieur à 2ᵐ,64. (*Traité d'exploitation*, 5ᵐᵉ vol., p. 247.)

Outre le reproche que mérite la formule de l'auteur, de donner au noyau des bobines un rayon trop petit, on peut lui reprocher de ne rien nous apprendre, quant à la loi suivant laquelle la différence des moments des cuffats ascendant et descendant varie depuis leur point de départ jusqu'à leur point d'arrivée. La connaissance de cette loi est cependant indispensable pour juger du degré de régularité de la vitesse de rotation des bobines et de la vitesse des cuffats.

Au silence que garde sa formule sur la loi suivant laquelle varie la différence des moments des deux cuffats, l'auteur supplée par une affirmation gratuite lorsqu'il dit (page 34) « qu'on » trouve, par une analyse attentive (qu'il ne donne pas) des » variations que subit ce moment (différence des moments des » deux cuffats), pendant toute la durée de l'opération et lorsque » les câbles sont à sections décroissantes : que, dans ce cas, il » est un peu plus faible que le moment moyen (qu'il ne définit » pas) au départ et à l'arrivée de la charge, puis, qu'il prend » quatre fois dans une ascension la valeur de ce moment moyen » et ne s'en écarte que faiblement dans les intervalles. »

La démonstration de ce qu'avance ici l'auteur était indispensable. Et, à défaut d'une formule générale montrant la variation

de la différence des moments des deux cuffats, il aurait au moins
dû calculer une table des valeurs que prend cette différence après
l'enroulement de chaque centaine de mètres de corde d'épaisseur différente.

Mais pourquoi l'auteur, qui cite l'ouvrage de M. Combes,
n'a-t-il pas encore eu recours à la formule que donne ce savant
(*Traité d'exploitation*, 3me vol., page 185), et pourquoi ne
l'a-t-il pas accommodée au cas d'une corde d'épaisseur variable ?
Car, en adoptant les rayons que donne cette formule au noyau
des bobines, on obtient, pour la vitesse des cuffats, tout le degré
de régularité possible dans le système des bobines. Nous croyons
trouver la réponse à ceci en ce que la formule de M. Combes,
pour une corde d'épaisseur constante, donne au noyau un rayon
plus petit encore que celui qui est fourni par la formule de
l'auteur.

Dans le système des bobines, la variation des moments des
deux cuffats est cause que la vitesse de rotation des bobines
change à chaque instant. Mais cette vitesse, fût-elle uniforme,
celle des cuffats subirait encore de grandes variations. Pour en juger, remarquons que la vitesse de rotation des bobines est la même
pour le premier et pour le dernier tour, puisque les différences
des moments des cuffats au commencement et à la fin d'une
ascension sont égales. Or, au premier tour, il s'enroule sur le
noyau de rayon 1^m une longueur de corde égale à 6^m,28, et au
dernier tour, il s'enroulera une longueur égale à $2\pi \times 3^m,55$
$= 22^m,30$ (3^m,55 étant le rayon extérieur d'une bobine quand
la corde est enroulée, rayon que l'on déduit de la formule
$\pi R^2 - \pi^2 r =$, etc. [page 34] en y faisant $r = 1^m$). D'où l'on
voit que les vitesses du cuffat ascendant, au départ et à l'arrivée,
sont dans le rapport 6,28 : 22,30. Ce rapport s'éloigne beaucoup trop de l'unité pour qu'on puisse accepter la vitesse
moyenne de 6 mètres adoptée par l'auteur. Cette moyenne
serait, en effet, notablement dépassée, et l'on se trouverait dans
la nécessité de la diminuer au moyen d'une poulie de friction ;
ce qui absorberait chaque fois en pure perte une partie de la
force motrice. Or, si l'on ne peut accorder 6 mètres de vitesse
moyenne, les 188 ascensions (page 37) en dix heures et demie
de temps deviendront impossibles.

Pour terminer nos observations sur la régularité de la vitesse des cuffats, nous dirons que l'auteur aurait dû discuter scientifiquement cette question, et, pour le cas où cette discussion eût prouvé l'impossibilité d'obtenir une régularité suffisante par le moyen des bobines, il fallait nécessairement qu'il imaginât une autre transmission.

Machine d'extraction. — Pour ce qui concerne la force de la machine d'extraction, qui doit amener en 200 secondes une charge utile de 2,720 kil. à la hauteur de 1,000 mètres, et dont l'effet utile est de 182 chevaux, l'auteur compare cette machine à une autre, établie au Grand-Hornu, dont l'effet utile est de 161 chevaux pour élever la même charge à 555 mètres en 80 secondes.

Ne trouvant qu'une différence de 21 chevaux, il conclut (page 58) qu'on pourrait facilement donner à cette dernière une force de 182 chevaux, en augmentant de quelques centimètres le diamètre du cylindre et la course du piston, et ainsi échapper à la nécessité de construire une machine nouvelle. Il y a ici erreur complète : quand le diamètre et la hauteur du cylindre seront changés, il faudra changer le piston, sa tige, la bielle, la manivelle, l'arbre des bobines, les noyaux, la pompe alimentaire (puisqu'elle doit fournir de l'eau pour 20 chevaux de plus) et enfin la chaudière ou en ajouter une seconde pouvant fournir de la vapeur pour 20 chevaux. Il faut donc une nouvelle machine.

Si l'auteur avait donné le calcul de la quantité dont il faut augmenter le cylindre et la course du piston de la machine du Grand-Hornu, pour l'approprier à l'extraction à 1,000 mètres de profondeur, il aurait implicitement fait connaître la manière de calculer la nouvelle machine qu'il faut ici. Au lieu de cela, il dit (page 58) qu'il pense inutile d'insister sur les détails de construction de tout l'appareil.

Il était d'autant plus nécessaire de calculer le diamètre du cylindre et la course du piston, la pression de la vapeur dans la chaudière étant donnée, que le calcul des machines d'extraction est beaucoup plus difficile que celui des machines à vapeur ordinaires, par la raison que la résistance dans les premières est très-variable et qu'un volant ne peut pas corriger les effets de cette variation et ne sert qu'à aider la manivelle à passer les points morts.

Voici les éléments de ce calcul que l'auteur aurait dû faire connaître :

1° Il faut chercher le *maximum* de la différence des moments des deux cuffats, et égaler le moment de la force motrice à cette plus grande différence augmentée du moment des frottements et de la roideur des cordes, ainsi que du moment de la résistance de l'air ;

2° Il fallait calculer le nombre de tours des bobines pour une ascension, puisque le double de ce nombre est égal à celui des pulsations simples de la machine, dans le cas où cette transmission se fait par engrenage. Ce calcul est assez long à cause de l'épaisseur variable de la corde ;

3° Enfin, il fallait assigner une vitesse au piston et donner la pression de la vapeur dans la chaudière.

Tels sont les éléments indispensables au calcul d'une machine d'extraction.

Pour terminer notre examen du chapitre consacré à l'extraction, nous citerons l'appréciation de l'auteur lorsqu'il énonce (page 58) que la transmission directe de la force motrice aux bobines est ce qu'il y a de plus favorable, et qu'on ne doit recourir à l'engrenage que dans le cas où l'on ne pourrait atteindre une vitesse moyenne de 6 mètres par la transmission directe. Ici l'auteur est dans l'erreur : d'abord on peut toujours calculer la machine de manière que, par une transmission directe, on obtienne, pendant une ascension entière, 6 mètres de vitesse moyenne, au risque, bien entendu, de la voir dépasser notablement en plus et en moins.

Ensuite, nous dirons que la transmission directe est plus coûteuse, par la raison que le coût de construction d'une machine est en raison inverse du nombre de pulsations de son piston, et que la transmission directe oblige au plus petit nombre de pulsations ; tandis que, dans la transmission par engrenage, on reste entièrement maître du choix de ce nombre de pulsations.

Conclusion de ce chapitre. — La corde en aloès a trop d'épaisseur et doit s'enrouler, de même que celle en fils de fer, sur un noyau d'un rayon trop petit. La largeur variable de la corde

en aloès est un défaut grave. La régularité du mouvement au
moyen des bobines n'est nullement prouvée. La vitesse moyenne
de 6 mètres pour les cuffats est trop grande, et, par suite,
les 188 ascensions en 10 ½ heures sont impossibles. L'auteur a
omis de donner le calcul des dimensions de la machine d'extraction, calcul basé sur le *maximum* de la différence des moments
des cuffats et sur le nombre de tours des bobines pour une
ascension complète. Il fait une appréciation erronée sur la manière de faire servir les machines d'aujourd'hui pour extraire à
la profondeur de 1,000 mètres.

CHAPITRE ÉPUISEMENT. — L'auteur a conçu et calculé ici une
maîtresse-tige dont les sections de 64 en 64 mètres sont propor-
tionnelles aux efforts de tension lorsqu'elle refoule l'eau. Une
telle maîtresse-tige a naturellement un grand avantage sur une
maîtresse-tige à section constante, surtout pour l'épuisement à
de grandes profondeurs; mais elle exige 10 contre-poids pour
équilibrer les portions qui ont plus de poids qu'il n'en faut pour
opérer le refoulement de l'eau.

Ces dix contre-poids pesant ensemble 81,415 kilog. (page 49),
qu'il faut établir au moyen d'autant de balanciers, nécessite-
raient avec leurs accessoires, tels que bielles d'attache à la maîtresse-tige et aux contre-poids, paliers, arbres, au *minimum* une
dépense de 70,000 francs que l'auteur n'a pas portés en compte.

Il ne signale pas non plus la difficulté d'établir sur la longueur
du puits des appareils de ce genre pour lesquels il faudrait pratiquer des excavations de 4 à 5 mètres de haut sur 12 mètres de
profondeur, au lieu de chambres étroites, comme il dit (page 50).
Ces constructions seraient d'ailleurs impossibles dans un cuvelage et coûteraient énormément dans une partie de puits ordinaire.

A raison de ces inconvénients, l'auteur aurait dû discuter
l'impossibilité d'établir une maîtresse-tige entièrement équilibrée à la surface.

Calcul de la machine d'épuisement. — La méthode que l'auteur indique pour calculer la force d'une machine d'épuisement
n'est pas exacte.

Sachant que la machine doit faire, pour une course de piston,
un travail utile de 459,200 kilogrammètres (page 50), pour

trouver le travail moteur, il compte que, dans cette sorte de machine, on utilise les $0^m,70$ du travail moteur, et il trouve ainsi pour ce dernier :

Travail moteur $= 627,428$ kilogrammètres.

Cela est intact : le calcul du travail moteur doit se faire en partant du moindre poids que doit avoir la maîtresse-tige pour refouler l'eau et vaincre les frottements de celle-ci dans les tuyaux, les frottements de tous les plongeurs et de la pompe élévatoire et ceux inhérents à la machine à vapeur marchant à vide.

Or, le poids de la maîtresse-tige capable de refouler la colonne d'eau est de $135,579$ kilóg. (page 45).

Le travail utile pour élever ce poids à la hauteur de $3^m,50$ est de $473,826$ kilogrammètres. La force motrice doit, en effectuant ce travail utile, vaincre : 1° les frottements des plongeurs et de la pompe élévatoire ; 2° les résistances qu'éprouvent les plongeurs et la pompe élévatoire, les premiers dans l'aspiration et la seconde dans l'aspiration et le soulèvement de l'eau ; 3° enfin les frottements de toute espèce inhérents à la machine à vapeur marchant avec sa charge.

En comptant que les $\frac{70}{100}$ du travail moteur, ou de la vapeur dans les cylindres, soient utilisés, on aura :

$$\text{les } \tfrac{70}{100} \text{ du travail moteur} = 473,826^{km.},$$

d'où

$$\text{travail moteur} = \tfrac{100}{70} \times 473,826 = 676,895^{km.},$$

Il y a entre ce travail moteur, tel qu'il doit être calculé, et celui trouvé plus haut par l'auteur, la différence énorme de $49,467$ kilogrammètres pour une course de piston. La machine à vapeur calculée par l'auteur est donc beaucoup trop faible.

Machine à détente. — L'auteur n'est guère plus exact lorsqu'il s'agit de calculer une machine à détente. Il calcule la force vive que possèdent toutes les masses en mouvement, quand la maîtresse-tige, dans l'ascension, a acquis son *maximum* de vitesse qu'il prend égal à $2^m,50$.

Il trouve ainsi (page 54) que le travail emmagasiné dans ces masses est égal à $94,515$ kilogrammètres.

Tandis que, ajoute-t-il, « le travail absolu de la vapeur dans une course est de 627,428 kilogrammètres; et il suffirait maintenant, à l'aide de quelques tâtonnements, de chercher le chiffre de détente qui, pour un travail total de 627,428 kilogrammètres, et pour une course entière, fournirait un excédant de 94,815 kilogrammètres de travail moteur sur le travail résistant jusqu'au point d'équilibre qu'il faudrait également déterminer. »

Le mot *tâtonnement* prouve que l'auteur n'a pas su déterminer le point d'équilibre dont il parle, et, par suite, calculer le degré de détente dont il s'agit.

De même, lorsqu'il estime (page 54) toutes les masses en mouvement à l'instant où le piston arrive au point d'équilibre, à 297,644 kilog., il oublie le poids de la colonne d'eau aspirée par chaque plongeur à cet instant, parce qu'il ne savait pas déterminer ce point d'équilibre.

Mais, puisqu'il a indiqué (page 56) qu'on ne doit pas pousser la détente au delà de la limite fixée naturellement par le poids de la maîtresse-tige et des contre-poids, il aurait au moins dû calculer cette limite et indiquer l'économie de vapeur qui en résulterait sur une machine à pleine pression; mais ce calcul aurait toujours exigé la détermination du même point d'équilibre.

Disons que la question de la détente méritait un examen beaucoup plus approfondi, à raison de la grande consommation de combustible (page 90) d'une machine d'épuisement à pleine pression. Il fallait prouver par des chiffres l'impossibilité de pousser la détente au delà de la limite indiquée.

L'objection faite par l'auteur, que l'emploi d'une grande détente conduit à des cylindres impossibles, nous semble pouvoir être levée, en plaçant deux cylindres l'un au-dessus de l'autre.

Le volant imaginé par l'auteur (page 55) et mis en mouvement par la maîtresse-tige, dans la vue de pouvoir faire usage de la détente, outre qu'il n'est pas assez solidement relié à la maîtresse-tige au moyen de deux câbles plats en fils de fer, aurait l'inconvénient que voici :

Pendant la descente de la maîtresse-tige, il ferait office de résistance jusqu'au moment où celle-ci a atteint son *maximum* de vitesse. A partir de ce moment, le volant agirait comme puis-

sance et exercerait une véritable pression sur le haut de la maîtresse-tige, pression dont l'auteur a cherché à éviter les effets
nuisibles dans la construction de sa maîtresse-tige.

Un autre effet nuisible de ce volant serait de retarder le mouvement de la maîtresse-tige, au commencement de la descente,
et de l'accélérer vers la fin de sa course.

En résumé, ce volant sera d'autant plus dangereux à la descente de la maîtresse-tige, qu'il sera plus efficace à l'ascension.

CHAPITRE VENTILATION. — L'auteur s'étant fixé sur le meilleur ventilateur employé aujourd'hui (celui de M. Fabry), la
question la plus importante, selon nous, était de savoir dans
quel rapport il faudra augmenter la force motrice pour aérer à
une profondeur de 1,000 mètres. A cet égard, l'auteur pense
(page 65) qu'il faudra une machine motrice un peu plus puissante que celles qui servent aujourd'hui à la profondeur de 500
mètres.

Nous serions probablement moins éloigné de la vérité en
affirmant qu'il faudra une dépense de force motrice double.

En effet, le travail utile d'une telle machine, c'est la masse m
d'air qu'il faut envoyer par seconde au fond du puits et des galeries; s étant la section du puits à la surface, et d la densité de
l'air, on aura pour la vitesse v de l'air : $dsv = m$ et pour l'effet
utile $\frac{1}{2} m v^2$, ou $\frac{1}{2} ds v^3$. Si l'on comparait, dans les machines d'aujourd'hui, cet effet utile au travail développé par le moteur, on
reconnaîtrait que cet effet utile n'est qu'une faible fraction du
travail moteur. Cela vient de ce que la partie la plus notable de
la force motrice est employée à vaincre les frottements de l'air
contre les parois des puits et des galeries, à réparer les pertes
incessantes de force vive dues aux chocs, aux changements brusques de direction et à la variabilité des sections des puits et des
galeries; plus, à retirer les gaz qui peuvent se dégager à la faveur du quasi-vide qu'opère la machine motrice et qui viennent
se mêler à la colonne d'air en mouvement.

Or, le travail de toutes ces résistances nuisibles doublant pour
un parcours double, nous sommes donc autorisé à croire qu'il
faudrait une force motrice à peu près double, d'autant plus qu'à
la profondeur de 1,000 mètres, la circulation de l'air devra être
plus active à cause de la plus grande température qui y règne.

Nous ne pouvons admettre la définition de l'effet utile que donne l'auteur (page 63) d'une machine d'aérage. Assimilant la machine à une pompe aspirante, il dit que c'est le volume décrit par le piston multiplié par la différence des pressions sur les faces du piston.

C'est là, sans les frottements, la charge totale du piston lorsqu'il aspire, tandis que l'effet utile de la machine doit se mesurer à l'ouverture du puits par lequel l'air entre, et il est, en cet endroit, comme nous l'avons dit, $\frac{1}{2} m v^2$.

Le moyen proposé par l'auteur, à la page 103 du dernier chapitre, pour obtenir à bas prix une force motrice au fond des travaux pour toutes les opérations de transport sur les plans inclinés ou dans les galeries, consiste en une roue à augets établie au fond et mise en mouvement par l'eau d'un réservoir placé au-dessus de la roue et alimenté par une pompe élévatoire mue, au moyen d'une tige en fer, par une petite machine à vapeur placée à la surface.

La chose est possible, mais à coup sûr elle n'est pas économique. En effet, pour que la roue produise un effet utile de 4 chevaux, par exemple, il faut que la pompe élévatoire verse dans le réservoir de l'eau pour 8 chevaux. Or, la machine à vapeur en élevant cette dernière quantité d'eau dans le réservoir, auquel nous supposons une hauteur de 3 mètres, devra également élever le poids de la tige en fer à cette même hauteur. En supposant que la tige pèse seulement 4 kilog. par mètre, la machine à vapeur devra donc élever 4,000 kilog. à la hauteur de 3 mètres, ou faire un travail de 12,000 kilogrammètres en sus de celui qu'il faut pour élever l'eau dans le réservoir. Or, ces 12,000 kilogrammètres seront entièrement perdus, puisque le piston de la pompe élévatoire, dans sa descente, n'a aucune résistance à vaincre, à part celle des frottements, et par suite le poids de la tige ne peut restituer à la descente ce qu'il a coûté en travail pour le monter à la hauteur de 3 mètres.

En supposant même que la tige fût équilibrée, ce dont l'auteur ne parle pas, ce serait toujours une machine détestable sous le rapport de l'économie.

Au lieu de s'occuper, dans ce dernier chapitre, des perfectionnements problables dont l'exploitation est susceptible dans l'avenir, nous aurions préféré voir l'auteur discuter le projet d'une galerie inclinée, par exemple à 45°, pour remplacer le puits vertical d'extraction et celui aux échelles mobiles. Une telle galerie, si elle ne devait pas coûter beaucoup plus cher que les deux puits mentionnés, permettrait l'établissement de deux voies ferrées, sur lesquelles on pourrait marcher à des vitesses uniformes très-grandes, tant pour l'extraction que pour la descente et la remonte des ouvriers. Sans rien préjuger sur ce système, il méritait, selon nous, d'être examiné, en présence des difficultés en grand nombre que présente l'extraction à 1,000 mètres de profondeur par un puits vertical.

Conclusion. — Le mémoire, à notre avis, n'est pas traité assez scientifiquement pour pouvoir figurer parmi ceux de l'Académie et, par suite, pour mériter la médaille; car il ne satisfait pas au programme de la question.

Nous nous associons pourtant à une partie des éloges donnés au mémoire par l'honorable M. De Vaux, et nous proposons qu'il soit accordé à son auteur, à titre d'indemnité et d'encouragement, une somme de . . . . . . sur les 2,000 francs alloués par le département des travaux publics.

Les trois commissaires, MM. De Vaux, Brasseur et Lamarle, étant d'accord pour écarter les trois premiers mémoires, l'attention s'est portée exclusivement sur le quatrième, et l'Académie, après avoir entendu les rapports de ses commissaires, a cru qu'il n'y avait pas lieu de décerner la récompense offerte par M. le ministre des travaux publics.

MÉMOIRE SUPPLÉMENTAIRE

EN RÉPONSE

aux objections que contiennent les rapports de MM. les commissaires
désignés par l'Académie des Sciences.

RAPPORT DE M. DE VAUX.

Ce rapport empreint, d'un bout à l'autre, d'une rare bienveillance et dans lequel on remarque une disposition manifeste à encourager les efforts de tous ceux qui cherchent à améliorer les systèmes d'exploitation de la houille, ne renferme que quelques objections pratiques et exprime, à plusieurs reprises, le regret que l'auteur du mémoire n'ai point traité, plus longuement, certaines questions d'une assez grande importance.

Ma seule excuse, en face de ce dernier reproche, fort honorable pour moi, sous la forme que lui a donnée M. De Vaux, consiste dans l'excessif développement que menaçait de prendre le travail que j'avais entrepris. J'ai craint de transformer un simple mémoire académique en un traité complet d'exploitation de la houille, et j'ai passé bien légèrement sur beaucoup de questions que j'aurais peut-être bien fait de traiter avec plus de développement, car elles méritent, chacune, une étude particulière que je ne renonce point à faire un jour dans une série de mémoires spéciaux.

Quant aux objections, je crois qu'elles peuvent être réduites aux suivantes :

1° Pourra-t-on enrouler un câble en fils de fer, dont le maximum d'épaisseur est de $0^m,0175$, sur une bobine dont le noyau n'a que $0^m,72$ de rayon ?

2° La vitesse moyenne de 6 mètres par seconde que j'ai adoptée pour les cages, semble trop considérable ;

3° L'appareil d'épuisement, tel que je l'ai décrit, sera-t-il encore possible quand on devra extraire des quantités d'eau supérieures à 2640 mètres cubes par jour?

4° Les maîtresses-tiges pourront-elles supporter les énormes efforts qui résultent de l'épuisement à de si grandes profondeurs?

5° Les mouvements alternatifs de ces maîtresses-tiges s'accompliront-ils sans accident ?

6° Le maximum de vitesse, que j'ai adopté de $2^m,50$, pendant la course ascendante des maîtresses-tiges, paraît être trop considérable.

Les objections 1, 2 et 4 se trouvant reproduites dans les rapports de MM. Lamarle et Brasseur, j'y répondrai dans l'examen des objections que contiennent ces derniers rapports.

Dans l'objection n° 3, M. De Vaux manifeste la crainte que l'appareil d'épuisement, en le considérant comme possible dans les limites que j'ai adoptées, ne devienne impossible dans quelques cas particuliers, où l'affluence des eaux dépassera ces limites. Je ne puis partager cette crainte ; l'appareil que j'ai adopté n'a qu'une puissance effective de 488 chevaux et le cylindre moteur un diamètre de $2^m,502$; on construit aujourd'hui une machine au charbonnage de l'Agrappe et il en existe une autre qui fonctionne régulièrement au charbonnage du Nord du Bois de Boussu, qui sont plus puissantes et dont les cylindres moteurs ont jusqu'à $3^m,20$ et $3^m,50$ de diamètre ; ces cylindres, dont le 1er sort des ateliers de Couillet et le 2mo des ateliers de M. Marcelis, ne sont pas regardés comme la limite du possible, et l'introduction de la tôle dans la fabrication de leurs fonds et des pistons, permettra très-probablement, après quelques essais, de dépasser ces dimensions de quantités qu'il est impossible d'assigner aujourd'hui. Quant aux maîtresses-tiges, tout en admettant la nécessité de les réduire à leur plus simple expression, il est évident que leur puissance peut être indéfinie et que ce n'est qu'une question de frais d'établissement. En accolant deux maîtresses-tiges, on en fait une d'une puissance double fonctionnant rigoureusement dans les mêmes conditions que les tiges simples, et ne présentant pas plus de chances d'accident ; je n'ai connaissance d'aucun cas où de semblables prévisions aient été démenties par l'expérience, et cependant les tiges des plus puis-

sants appareils d'aujourd'hui ne sont que des multiples des tiges
d'autrefois. Il est bien entendu que leurs courses doivent commencer et finir très-doucement, et qu'il ne faut rien négliger
pour atteindre ce résultat qui est d'une importance capitale. Je
ne puis donc partager, à ce sujet, toutes les craintes de M. De
Vaux et je crois fermement que l'on pourra extraire, à l'aide d'un
seul appareil, un quantité d'eau beaucoup plus considérable
que celle que j'ai adoptée, sans pouvoir, cependant, assigner de
limite dès à présent. Enfin, s'il se présente un jour quelque cas
où la quantité d'eau affluente soit tellement grande que l'épuisement par un seul puits devienne impossible, il faudra bien, comme
aujourd'hui, tirer ces eaux par deux puits; mais ce cas, s'il se
rencontre jamais, ne se présentera, très-probablement, que dans
des mines exploitées depuis longtemps, et il y a quelque espérance d'y trouver un ancien puits susceptible d'être approprié
à l'épuisement sans occasionner une dépense à laquelle l'aban-
don des travaux serait préférable.

L'objection n° 5, qui touche par plusieurs points à celle qui
précède, me semble, comme celle-ci, dériver de craintes que je
crois un peu exagérées. Lorsque toutes les dimensions d'une maîtresse-tige, quelle qu'elle soit, sont exactement proportionnées
à la grandeur des efforts qu'elle doit supporter; lorsque tous ses
assemblages sont faits avec toute la solidité et tout le soin dési-
rables, je ne vois aucune raison pour douter qu'elle puisse fournir sans inconvénient les courses alternatives qui constituent
son mode de fonctionnement. Depuis quelques années, on a considérablement augmenté la puissance des appareils d'épuisement et, par suite, la masse des tiges qui en font partie, et chaque
fois que l'on a établi une maîtresse-tige plus considérable que
toutes celles qui avaient été employées précédemment, on a
trouvé que les mouvements alternatifs s'accomplissaient avec
une régularité au moins égale à celle des tiges plus légères, à
ce point que dans le comté de Cornwall, lorsque les mouvements
d'une maîtresse-tige s'opèrent trop brusquement pour la sûreté
de l'appareil, on fait disparaître l'inconvénient en augmentant
considérablement la masse et en multipliant les contre-poids. Du
reste, les maîtresses-tiges des appareils de l'Agrappe et du Nord
du Bois de Boussu seront, au moins, aussi considérables que celle

dont j'ai calculé toutes les dimensions, lorsque l'on aura atteint la profondeur, et si l'on rencontre les volumes d'eau pour lesquels ces appareils sont construits, et ni les ingénieurs, ni les constructeurs ne conservent de doute sur le résultat favorable de leur emploi. Je persiste donc à espérer le succès d'applications du système d'épuisement par maîtresse-tige, même dans le cas où celle-ci devrait être plus massive que celle que j'ai citée pour exemple.

Dans la 6me objection, M. De Vaux craint que le maximum de vitesse de 2me,50, que j'ai crû pouvoir adopter, ne soit trop grand. Ce maximum est la vitesse que possède la maîtresse-tige pendant le temps infiniment petit qui sépare la période d'accroissement de vitesse de la période de décroissement, et l'on comprendra qu'il puisse être atteint pour une vitesse moyenne d'ascension de 1^m,50 à 1^m,50, la course commençant et finissant par une vitesse zéro. Cependant, j'avoue que je l'ai adopté un peu de sentiment, en examinant avec attention la marche de plusieurs maîtresses-tiges, et m'efforçant d'apprécier la loi d'accélération de leur vitesse, sans instrument propre à mesurer cette vitesse en chaque point de la course. Ensuite j'ai procédé par synthèse; j'ai constaté le chiffre de la détente dans certaines machines dont on poussait la vitesse jusqu'à une limite que l'on ne pouvait dépasser sans produire des coups de bélier dans tout l'appareil d'élévation de l'eau; puis, en déterminant la position du point d'équilibre, j'ai évalué la différence entre le travail moteur et le travail résistant jusqu'en ce point, et j'ai supposé cette différence emmagasinée par toutes les masses en mouvement qui m'étaient connues; de là, j'ai pu tirer le maximum de vitesse que ces masses avaient dû prendre pour emmagasiner cet excès de travail. Cette méthode m'a fourni des résultats assez variables, suivant le soin avec lequel les appareils d'épuisement avaient été établis; car ils ne peuvent tous atteindre la même limite de vitesse sans inconvénient, et j'ai cru pouvoir adopter une moyenne de 2^m,50, dont on se rapprochera plus ou moins dans la pratique. Aujourd'hui, je n'ai aucun motif pour changer cette évaluation, au moins jusqu'à nouvel ordre, mais j'admets parfaitement qu'elle puisse être légèrement modifiée par une nouvelle série d'observations qui seraient faites, par exemple, à

l'aide d'un instrument capable d'indiquer la vitesse du piston en
chaque point de la course, et sur des machines puissantes dont
on porterait la vitesse jusqu'au point où les coups de bélier
commenceraient à ébranler l'appareil monté dans le puits.

Il y a encore un autre point de vue sous lequel il serait, probablement, préférable d'envisager cette question qui deviendrait alors plus aisément soluble. Ce serait de déterminer
l'excédant de la puissance sur toutes les résistances autres que
l'inertie, qui imprimerait à l'appareil, dès le commencement de
la course, et suivant la grandeur des masses en mouvement,
une accélération de vitesse assez rapide pour produire les coups
de bélier ; cet excédant de puissance déterminerait la limite de
détente. Je me propose de traiter un jour la question de cette
façon, qui me semble plus rationnelle, mais qui, au fond, ne
diffère pas de la première.

En résumé, M. De Vaux partage entièrement mes convictions
sur la possibilité d'exploiter économiquement à la profondeur
de 1000^m, sans transformation radicale du système actuel
d'exploitation, et sur l'impossibilité d'opérer instantanément
une semblable transformation ; et les quelques objections de
détail que je viens d'examiner sont plutôt présentées comme
l'expression de ses craintes sur le résultat final de constructions
hardies, quoique rationnellement conçues, que comme raisons
décisives pour repousser les différents moyens proposés par
l'auteur du mémoire pour résoudre la question posée par l'Académie et par le Gouvernement.

RAPPORT DE M. LAMARLE.

Dès le début, M. Lamarle, après avoir exposé l'embarras qu'il éprouve à raison de son incompétence, déclare que les chapitres Ier, IVe, VIe et VIIe, qui concernent la recherche de la température probable dans les mines profondes, l'aérage, l'examen des conditions économiques de l'exploitation à de grandes profondeurs, et les perfectionnements réalisables dans un avenir plus ou moins éloigné, n'ayant qu'une importance très-faible, et la plupart des questions qui y sont traitées pouvant d'avance être considérées comme résolues, il ne s'en occupera pas. Ensuite, il passe à l'examen des chapitres IIe, IIIe et V^e qui concernent l'extraction, l'épuisement et les appareils qui servent à la montée et à la descente des ouvriers dans les puits.

Les objections qu'il présente et qui lui semblent suffisantes pour faire rejeter les propositions de l'auteur du mémoire concernant la disposition des appareils qui servent à accomplir ces diverses opérations, sont les suivantes :

1° L'enroulement d'un câble plat en fils de fer de $0^m,0175$ d'épaisseur, sur une bobine dont le noyau a $0^m,72$ de rayon, n'est pas acceptable.

2° La vitesse d'ascension des cages, portée à 6 mètres par seconde, n'est guère plus possible.

3° Les modifications proposées aux procédés actuels d'épuisement n'ont qu'une valeur médiocre ou problématique, et il ne paraît pas qu'elles permettent de descendre à la profondeur de 1000 mètres, sans augmenter proportionnellement la dépense correspondante à l'épuisement des eaux.

4° Un effort moyen de 176,000 kilog. sur la maîtresse-tige n'est pas compatible avec les moyens et les ressources ordinaires, et l'on ne peut accepter, sans inquiétude, l'obligation de soumettre à des mouvements de va-et-vient des masses aussi considérables que celles que l'auteur met en mouvement pour l'ascension des eaux.

5° Renvoi pour complément de critique aux observations de M. Brasseur.

6° L'auteur a eu tort, après avoir constaté que la machine motrice des échelles mobiles de la Réunion, avait une puissance de 100 chevaux, pour une profondeur de 540 mètres, de ne proposer qu'une machine de 150 chevaux pour une profondeur de 1000 mètres, toutes choses égales d'ailleurs.

7° Le travail ne renferme aucun changement radical dans les diverses opérations que comporte l'exploitation de la houille et, par suite de cette absence d'invention, ne peut obtenir le prix offert par M. le ministre des travaux publics.

Première objection. — Quoique le calcul m'ait fourni pour l'égalité des moments de la résistance au commencement et à la fin d'une ascension, un rayon de noyau des bobines de $0^m,72$, j'ai expressément indiqué que l'on pourrait adopter un rayon un peu plus grand, à cause de la provision de vapeur qui se forme dans les chaudières entre deux ascensions, et qui permet de commencer une opération avec une puissance plus grande que celle qui est nécessaire pour l'achever, et je pense qu'il serait possible de porter ce rayon à $0^m,75$ ou $0,80$; voici pourquoi :

La machine n° 12 du Grand-Hornu fonctionne aujourd'hui à la profondeur de 405. (La profondeur n'était que de 555 mètres lorsque j'ai écrit le mémoire).

La charge utile au bout du câble est de. . . 2,740 kilog.
Le poids mort de la cage et des waggons vides est de. . . . . 2,120 »
Quant la cage pleine arrive au sommet de sa course, la portion du câble comprise entre elle et la molette pèse environ . . . .   80 »
Le poids total d'un câble, qui a une section décroissante, est de . . . . 4,247 »

La partie toujours enroulée de ce câble, qùi est de 99 mètres, et la partie tendue entre les bobines et les molettes, pèsent très-approximati-vement . . . . : 1,100 »

Il reste donc pour la partie pendante qui sou-tient la cage pleine au commencement d'une ascension. . . . . 3,117 »

Le premier rayon d'enroulement est de. . . 1^m,70

Le dernier, quand la cage arrive au jour, est de. . . . . 2^m,75

Or, si l'on calcule le premier rayon d'enroulement pour que le moment de la résistance soit le même au commencement et à la fin d'une opération, on a les équations :

$$\pi\,[\,(2,75)^2 - (1,7)^2\,] = 14^{m^2},68$$

$$\text{donc}\quad \pi\,R^2 - \pi\,r^2 = 14^{m^2},68$$

$$\text{Et d'autre part } (2840 + 2120 + 3117)\,r - (2120 + 80)\,R$$
$$= (2740 + 2120 + 80)\,r - (2120 + 3117)\,R\,;$$

$$\text{d'où l'on tire : } r = 1^m,38.$$

Or, ce premier rayon d'enroulement est, dans l'appareil actuel, de 1^m,70; il a donc 0^m,32 de plus qu'il ne devrait avoir. La marche de la machine est bien un peu lourde au commence-ment et elle devient de plus en plus légère jusqu'à la fin, mais pratiquement cela offre peu d'inconvénients, et l'appareil s'ac-commode de ce régime.

Ou pourra donc, très-probablement, porter à 0^m,75 peut-être même à 0^m,80, le premier rayon d'enroulement des deux câbles en fils de fer que j'ai adoptés dans le mémoire.

Maintenant, à l'affirmation de M. Lamarle, qui déclare que les conditions d'enroulement que j'ai posées ne sont point accepta-bles, j'opposerai le témoignage de MM. *De Mot*, directeur de la fabrique de câbles en aloès et en fils de fer d'Hornu, et *Glépin*, ingénieur des charbonnages du même lieu, hommes très-experts en cette matière; qui m'autorisent à déclarer en leur nom, qu'autant que leur longue expérience permet de le prévoir, la condition d'enroulement d'un câble en fils de fer de 0^m,0175 d'épaisseur sur un noyau de $1^m,50$ de diamètre et d'un câble en aloès de $0^m,05$ d'épaisseur sur un noyau de 2^m à $2^m,25$ de diamè. tre, quand ces câbles ne portent pas plus de $\frac{1}{6}$ de la charge de rupture, est possible, quoique ce ne soit pas une bonne condition de durée (ce que j'ai déjà indiqué moi-même dans le mémoire), mais que ce qu'il peut en résulter de plus fâcheux, c'est que la partie qui s'enroule la première, dure quelques mois de moins que si elle s'enroulait sur un plus fort noyau, et que l'on soit obligé de la renouveler sur une longueur plus ou moins grande, un peu plus souvent que si elle fonctionnait dans de meilleures conditions ; et que, du reste, l'accroissement de dépense de ce chef, dans une entreprise qui fournit 6,000 hect. par 24 heures, ne mérite pas d'être pris en grande considération.

Enfin, si l'on veut enrouler ces câbles sur des bobines dont les noyaux aient un grand diamètre, il restera toujours la ressource d'employer des contre-poids régulateurs semblables ou analogues à ceux qui sont employés en Angleterre et décrits dans un mémoire de M. Piot, sur les mines de Newcastle, inséré dans les *Annales des Mines*, t. 1er, année 1842. Ces contre-poids n'ont d'autre inconvénient que d'augmenter les résistances passives de l'appareil et d'obliger à l'emploi d'une machine motrice un peu plus puissante.

Nonobstant l'opinion de M. Lamarle, je persiste donc à penser que le faible rayon que la nécessité de régulariser le travail obligera à adopter, pour les noyaux de bobines, lorsque l'on aura atteint la profondeur de 1000 mètres, ne sera point un obstacle à l'emploi de la machine à molettes ordinaire et des câbles, pour l'extraction de la houille.

Deuxième objection. — La vitesse moyenne de 6 mètres par seconde peut, non-seulement être acceptée, mais encore elle a été plusieurs fois réalisée dans la pratique. L'appareil d'extraction du Grand-Hornu dont j'ai parlé ci-dessus, dans des expériences spéciales dont je n'ai pas parlé dans mon mémoire, et sans que l'on y ait remarqué d'inconvénient, a tiré sa charge de la profondeur de 355 mètres en moins d'une minute, ce qui correspond à une vitesse de 6 mètres par seconde, et s'il fonctionne aujourd'hui à une vitesse plus faible, c'est qu'elle suffit à tous les besoins de l'extraction.

Pour donner plus de poids à mon opinion sur cette question de vitesse, j'ai écrit à l'un des plus habiles mécaniciens-constructeurs de la Belgique, M. Mᵒʳ Colson, ingénieur des ateliers de Haine-Saint-Pierre, qui a construit une bonne partie des grands appareils d'extraction et d'épuisement de la province de Hainaut, afin de connaître son avis sur ce sujet, et voici sa réponse :

Monsieur,

J'ai l'honneur de vous informer que nous avons déjà établi plusieurs machines d'extraction fonctionnant à des vitesses moyennes de 6 mètres par seconde et plus, sans que cela présente d'inconvénient ; seulement, il est nécessaire qu'elles soient munies de sonneries, et d'évite-molettes semblables à ceux que j'ai établis aux Charbonnages-Réunis de la vallée du Piéton, à Roux. Nous sommes, par conséquent, disposés à entreprendre, *à nos risques et périls,* toutes machines d'extraction remplissant ces conditions. M. Fairbairn, de Manchester, a même établi, il y a quelque temps, une machine qui élève des charges de 16 à 1800 kilog. de charbon avec une vitesse moyenne de 10 mètres par seconde, et elle n'a qu'un seul cylindre à vapeur vertical.

Agréez, etc.

Mᵒʳ *COLSON.*

Haine-Saint-Pierre, 20 février 1857.

Je pense que l'on peut, après cela, regarder la question de vitesse comme vidée ; d'autant plus que je ne vois aucune raison pour que l'on n'atteigne pas, dans les puits d'extraction, les plus grandes vitesses réalisées sur les chemins de fer ; les déraillements étant ici presque impossibles, puisqu'il y a des rails des deux côtés du véhicule, et dans tous les cas moins désastreux.

Troisième et quatrième objections. — Ces deux objections se touchant par plusieurs points, je les réunirai pour y répondre simultanément.

M. Lamarle fait à l'appareil d'épuisemént le reproche d'augmenter, proportionnellement à la profondeur, la dépense correspondante à l'épuisement des eaux, Il m'est impossible de comprendre comment les choses pourraient se faire autrement, c'est la loi naturelle du travail et je ne puis croire qu'il vienne à l'esprit d'un mécanicien de chercher un appareil capable de tirer les eaux d'une profondeur de 1000 mètres, sans que les frais d'installation de cet appareil et les dépenses journalières de combustible pour l'alimenter, soient plus considérables que s'il ne tirait ces eaux que de la profondeur de 500 mètres; je regarde même comme très-probable que les frais d'établissement, quels que soient l'appareil et le principe de son action, croîtront plus rapidement que la profondeur, parce que les difficultés de pose et les précautions à prendre pour éviter les accidents et satisfaire à de bonnes conditions de marche, augmentent à mesure que les puits deviennent plus profonds.

Quant aux modifications que j'ai proposées aux procédés actuels d'épuisement, et dont M. Lamarle déclare la valeur médiocre ou problématique, j'accorde volontiers que la valeur en soit médiocre, c'est-à-dire qu'elles n'ont pas exigé, à un haut degré, le génie de l'invention, mais je ne pense pas que le succès en soit problématique. Dans les maîtresses-tiges actuelles, le sommet portant tout le poids de la partie inférieure, les sections des différents étages croissent très-rapidement au-dessus du point où la tige et la colonne d'eau correspondante s'équilibrent, et il était naturel de songer à détruire, d'étage en étage au-dessus de ce point, tout l'excédant du poids de la tige sur la colonne d'eau, afin d'éviter cet accroissement rapide de section qui peut conduire à d'énormes dimensions, comme on le verra plus loin. Le succès de cette mesure, au point de vue de la diminution de la masse totale, est incontestable et, de plus, elle présente l'avantage de réduire dans une proportion considérable les désastres qui surviendraient à la suite d'une rupture à la partie supérieure d'une tige entièrement équilibrée par le haut, et par un point situé au-dessus de ce point de rupture. Il n'est pas, du reste, indispensable d'équilibrer tout à fait d'étage en étage; on pourrait n'équilibrer que de 2 étages en 2 étages, ce qui n'augmenterait que fort peu la masse générale et diminuerait les frais

d'établissement. On ne peut donc nier que ce soit une bonne
méthode pour réduire la masse des maîtresses-tiges et je doute
que l'on trouve un meilleur moyen d'arriver à ce résultat.

L'idée d'organiser cette tige de façon qu'en tous ses points elle
ne supporte que des efforts de tension, m'a paru également
bonne, et je pense que l'on arrivera, à l'aide de cette précaution,
à construire, dans des puits de 1000 mètres de profondeur, des
maîtresses-tiges dont les variations de longueur ne dépasse-
ront pas celles des tiges actuelles pour une profondeur de 500
à 600 mètres, lorsqu'elles supportent des efforts alternatifs de
tension et de compression à leur partie inférieure et sur une
longueur plus ou moins considérable.

Quant à la convenance de placer plusieurs contre-poids dans
la hauteur du puits, et à l'inconvénient d'imprimer des mouvements alternatifs de va-et-vient aux masses considérables que
j'emploie, je puis apporter, à l'appui de mon opinion, plusieurs
exemples pratiques.

M. Combes, dans un mémoire publié dans les *Annales des
Mines,* IIIe série, tome V, donne les détails suivants sur la ma-
chine d'épuisement des mines de *Consolidated Mines,* dans le
Cornwall.

La machine motrice est à balancier, dont les deux bras sont
inégaux.

La course du piston à vapeur est de. . . .	3^m,355
La course de la maîtresse-tige, de	2^m,489
Le diamètre du cylindre à vapeur, de . . .	2^m,032
Le diamètre des pompes, de.	0^m,305
La hauteur d'élévation de l'eau, de. . . .	366^m,000

Le poids du balancier est approximativement de 25,000
kilog.

La machine donne rarement plus de 6 coups de piston par
minute.

La maîtresse-tige, qui est en sapin du Nord et qui a 1858
centimètres carrés de section en haut et 1090 en bas, pèse approximativement de 80,000 à 86,000 kilog. et elle descend
dans un puits vertical de 430 mètres de profondeur, dont 64

mètres sont au-dessus du niveau de la galerie d'écoulement. Au-dessous, la ligne de pompes de 566 mètres est divisée en 6 colonnes dont la plus basse, seulement, est une pompe élévatoire, à piston creux.

Cette maîtresse-tige est équilibrée :

1° Par une colonne d'eau de $54^m,25$ pesant 10,000 kilog. sur son piston, placée entre la surface du sol et le niveau de la galerie d'écoulement.

2° Par trois balanciers à contre-poids placés, l'un à la surface du sol et les deux autres à différents niveaux au-dessous de la galerie d'écoulement dans la profondeur du puits ; ces balanciers sont chargés ensemble de 45,000 kilogrammes.

La colonne d'eau tout entière, depuis le bas du puits jusqu'à la galerie d'écoulement, pèse environ . . . . 26,718 kilog.

Et la partie élevée par refoulement, environ 25,000 »

La puissance de la machine est donc, lorsqu'elle fournit 6 coups de piston par minute.

$$\frac{26718^k. \; 2^m,489. \; 6}{4500 \; ^{k.m.}} = 88 \text{ à } 89 \text{ chevaux.}$$

Ainsi cette machine, pour 88 à 89 chevaux, met en mouvement une masse de :

Balancier	25,000 kilog.
Maîtresse-tige, soit . . .	83,000 »
Colonne d'eau contre-poids.	10,000 »
Contre-poids à balancier. .	45,000 »
	163,000 kilog.

A quoi il faut ajouter les balanciers des contre-poids et la colonne d'eau de la pompe élévatoire.

Cette masse, qui est bien plus considérable que celles que l'on met en jeu dans notre pays, pour la même puissance, n'a été employée par les constructeurs du Cornwall que pour détendre beaucoup la vapeur, sans inconvénient, et quoique M. Combes n'en dise rien, c'est là sa seule raison d'être ; aussi ces machines détendent jusqu'à 8 fois le volume de la vapeur admise à pression pleine; ce qu'il a toujours été impossible de réaliser en Belgique.

Les conséquences que l'on peut tirer de cet exemple sont : que les constructeurs installent, quand il le faut, des contre-poids en divers points de la profondeur des puits et qu'ils ne craignent nullement d'imprimer des mouvements alternatifs à des masses considérables, ce qui est plutôt favorable que nuisible à l'appareil ; mais comme les masses que je mets en mouvement dans la machine d'épuisement que j'ai proposée, sont encore plus considérables que celles-ci, il est nécessaire de citer d'autres preuves à l'appui de mon opinion.

Les parties les plus chargées de la maîtresse-tige que j'ai calculée, peuvent supporter 15 fois le poids effectif de la portion de tige qui se trouve dessous. En tenant compte de l'excédant d'effort résultant de la pression de la vapeur, qui doit produire une vitesse accélérée au commencement de la course du piston, et vaincre les frottements, dans l'hypothèse ou la pression théorique de la vapeur serait tout entière transmise à la tige, on trouve que le sommet de la tige, qui est la partie le plus fatiguée, ne supporte en aucun temps un effort supérieur à 179,265 kilog. ; et comme elle a $0^{m2},2827$ de section, il en résulte qu'elle ne supporte qu'un effort de 63 à 64 kilog. par centimètre carré, la résistance absolue étant de 840 kilog.

Avec un semblable excès de résistances, elle présente toute sécurité, et voici une deuxième lettre de M. Colson qui prouve que les praticiens acceptent hardiment ces conditions.

Monsieur,

Je partage votre opinion sur les faits que vous avez avancés et je suis tout disposé à entreprendre, *à mes risques et périls*, des machines d'épuisement et des machines à descendre et remonter les ouvriers, pour des profondeurs et des masses beaucoup plus considérables que celles dont vous me parlez, c'est-à-dire pour 1000 mètres de profondeur et des charges effectives de 220,000 kilog. aux vitesses ordinaires, tout en exposant le sapin de Riga à des charges supérieures à 70 kilog. par centimètre carré, et en me basant sur ce que j'ai déjà établi dans différents charbonnages et notamment à Mariemont et à Bascoup, où des masses de 120,000 à 160,000 kilog. fonctionnent aux vitesses ordinaires, le sapin supportant de 70 à 90 kilog. par centimètre carré.

Nous allons même entreprendre, pour Mariemont, une machine d'épuisement dans laquelle les masses seront de 250,000 kilog. pour 700 mètres de profondeur, et dans laquelle le sapin sera exposé à des efforts d'environ 100 kilog. par centimètre carré.

On construit aujourd'hui, au charbonnage de l'Agrappe, une machine plus considérable que cette dernière, dans les conditions ordinaires.

En considérant tous les moyens qui sont aujourd'hui à la disposition des ingénieurs pour construire des machines d'épuisement et des échelles mobiles pour 1000 mètres et plus, de profondeur, tout en élevant des quantités considérables d'eau et d'hommes, on doit reconnaître que cette profondeur de 1000 mètres, à laquelle on semble s'arrêter, est loin d'être une limite, même sans multiplier les appareils moteurs.

Agréez, etc.

M^{or} COLSON.

Haine-Saint-Pierre, ce 17 avril 1857.

P. S. J'oubliais de vous dire que nous avons en construction, actuellement, dans nos ateliers, une machine à monter et à descendre les ouvriers, pour Châtelineau. Cet appareil, qui doit aller à la profondeur de 700 mètres, a une machine de 100 chevaux, comme celle de Mariemont.

M^{or} C.

Pour compléter ces renseignements et montrer non-seulement que les masses que j'ai mises en mouvement n'ont rien d'exagéré, mais qu'il sera possible d'aller beaucoup au-delà, je me contenterai d'indiquer les dimensions principales et les conditions de fonctionnement de la machine de l'Agrappe citée ci-dessus, que l'on pose aujourd'hui, et de la machine du Nord du Bois de Boussu qui fonctionne déjà depuis longtemps, mais non encore dans les conditions du maximum d'effet qu'elle doit produire.

MACHINE DU NORD DU BOIS DE BOUSSU.

Diamètre du cylindre à vapeur. . . .	3ᵐ,20
Course du piston	3ᵐ,50
Diamètre des pompes	0ᵐ,50
Profondeur actuelle du puits	580ᵐ,00
Plus grande profondeur pour laquelle la machine est construite	700,ᵐ00
Nombre de coups de piston par minute, aujourd'hui	3,50
Par contrat elle doit pouvoir en donner 5.	
Section actuelle de la maîtresse-tige, au sommet, en centimètres carrés	2,100
Poids actuel de la maîtresse-tige avec attelage	116,000 kilog.
Poids présumé à la profondeur de 600ᵐ.	161,526 »
Contre-poids actuels portés par deux balanciers à bras égaux, et en tôle, placés à la surface	50,000 »

Les autres contre-poids qui deviendront nécessaires à mesure que la profondeur du puits augmentera, seront placés en divers points de la hauteur de ce puits. La machine est à basse ou moyenne pression, sans détente et munie d'un condenseur Letoret.

MACHINE DE L'AGRAPPE.

Elle est à traction directe comme la précédente.	
Diamètre du cylindre à vapeur.	3ᵐ,30
Course des pistons.	3ᵐ,70
Diamètre des pompes.	0ᵐ,60
Cette machine commencera à fonctionner régulièrement à la profondeur de . . .	300ᵐ,00
Plus grande profondeur pour laquelle elle est construite	800ᵐ,00
Nombre de coups de piston par minute .	3.

Poids de la maîtresse-tige à la profondeur
de 300 mètres. . . . .   130,000 kilog.

Poids présumé de cette maîtresse-tige, à
800 mètres   300,000   »

Section de la maîtresse-tige, au sommet,
en centimètres carrés   4,500

Soit l'équivalent d'une tige carrée de 68 à
69 centimètres de côté.

Section de la maîtresse-tige à 12 mètres
en contre-bas de l'orifice du puits. . . .   3,200

A la profondeur de 800 mètres, cette section doit être d'environ   1,800   .

Contre-poids présumés, à la profondeur
de 300 mètres. . . . .   24,000 kilog.

La machine doit fonctionner à détente dont la limite sera
déterminée par tâtonnement ; elle aura un condenseur ordinaire
avec pompe à air, et ses chaudières doivent pouvoir fonctionner
à 4 atmosphères.

Comme on le voit, ces gigantesques constructions ne le cèdent
en rien à celles dont on me conteste la possibilité, et cependant
aucun mécanicien expérimenté ne doute du succès. Je pense
donc que je puis légitimement persister dans mon opinion et
maintenir toutes les propositions que j'ai avancées.

Cinquième objection. — Afin de ne pas développer inutilement son rapport, M. Lamarle s'en réfère ensuite à celui de
M. Brasseur pour ce qui concerne les erreurs relatives aux
méthodes de calcul des puissances motrices et à quelques autres points de théorie désignés d'une manière un peu vague.
On verra tout à l'heure, dans la réponse au rapport de M. Brasseur, ce que sont ces objections dont M. Lamarle accepte ainsi
la responsabilité.

Sixième objection. — Après avoir constaté que la machine à
monter et à descendre les ouvriers dans les puits de mines,
construite à la fosse de la Réunion, était mise en mouvement
par une machine motrice de la puissance de 100 chevaux pour
une profondeur de 540ᵐ, j'ai effectivement déclaré que j'adopterais pour la profondeur de 1000ᵐ, une machine de 150 che-

vaux, mais je n'ai nullement dit que ce fût *toutes choses égales d'ailleurs*, comme le suppose M. Lamarle. J'avais pour prendre cette décision les motifs suivants :

La machine de la Réunion, construite pour 100 chevaux, ne produit ordinairement qu'un travail de 24 à 25 chevaux, et toute machine puissante dont on ne tire qu'une faible partie du travail pour lequel elle a été construite, fonctionne dans de très-mauvaises conditions d'effet utile ; j'ai voulu diminuer cet inconvénient, qui entraîne tous les jours un excès de dépense de combustible. Cet excédant de puissance facultative, à la fosse de la Réunion, présente peu d'inconvénients, parce qu'on y emprunte la vapeur aux chaudières de la machine d'épuisement qui ne fonctionne pas continuellement, et que cette vapeur coûte ainsi moins que s'il fallait la produire dans des chaudières spéciales, et parce qu'à l'occasion, on peut, dans de semblables conditions, s'en procurer une quantité suffisante pour faire marcher l'appareil avec toute sa puissance. Mais, dans le cas d'une exploitation à 1000^m de profondeur, la machine d'épuisement que j'ai adoptée, devant fonctionner 20 heures par jour, il serait impossible de lui emprunter habituellement la vapeur nécessaire à la manœuvre des échelles mobiles qui devront avoir, par conséquent, leurs chaudières spéciales, et je pense qu'il suffit que la machine, dans ce cas, ait une puissance de 150 chevaux, qui peuvent être maintenus toujours disponibles et qui suffisent pour enlever légèrement, et sans surcharge, deux hommes par palier, dans l'hypothèse où l'on ferait le travail ordinaire sur ce pied et où les résistances nuisibles seraient un peu plus considérables qu'aujourd'hui, par suite de la convenance d'équilibrer les tiges en plusieurs points de leur hauteur.

En cas d'accident, s'il fallait évacuer promptement les travaux, il ne servirait à rien qu'elle fût plus puissante ; le temps nécessaire pour allumer le feu sous de nouvelles chaudières, l'activer sous les anciennes, et pour produire la vapeur nécessaire au développement de toute la puissance indispensable pour élever 4 hommes par palier, serait trop long, et les ouvriers qui n'auraient pu trouver place sur les échelles mobiles, seraient arrivés au jour ou dans quelque refuge à un étage supé-

rieur, par les échelles fixes, avant que l'on fût en mesure de les
élever mécaniquement ; et même, dans ce cas, il vaudrait mieux
que les paliers ne pussent contenir que deux hommes, parce
que s'ils étaient assez grands pour en contenir davantage, l'appareil pourrait se trouver chargé de trop d'hommes pour que la
machine motrice pût les enlever.

Ces considérations décident, déjà aujourd'hui, les mécaniciens à diminuer la puissance des machines motrices appliquées
à ces appareils, et l'on vient de voir, dans la lettre de M. Colson, qu'une machine en construction pour Châtelineau n'aura
qu'une puissance de 100 chevaux pour une profondeur de 700
mètres.

Lorsque l'extraction se fera à la profondeur de 1000 mètres,
les appareils à monter et à descendre les ouvriers devront,
presque toujours, avoir leurs chaudières spéciales, parce qu'elles
fonctionneront plus longtemps qu'aux profondeurs actuelles, et
il en sera de même pour les machines d'épuisement, afin de
diminuer leur puissance et les difficultés de leur établissement ;
de sorte que la disposition de la Réunion ne sera probablement
plus possible. C'est pour cela que j'ai dit que, dans le cas où
les chaudières de la machine d'épuisement seraient à proximité,
il vaudrait mieux venir en aide à la machine motrice par un
appareil spécial, en cas de danger, que de donner immédiatement à cette machine motrice une puissance excessive qui, pendant plusieurs années peut-être, ne servirait à rien, obligerait
à un excédant continuel de dépense de combustible et que,
très-probablement, l'on ne tiendrait jamais disponible à l'aide
de ses propres chaudières, à cause de ce dernier inconvénient.

Peut-être même serait-il préférable, dans le cas où la machine
d'épuisement serait éloignée, de ne donner à la machine motrice
que la puissance nécessaire pour élever un homme par palier,
lorsque le service doit se faire de cette façon, puis de tenir en
réserve, pour les cas excessivement rares de danger pressant,
une grande quantité d'eau dans un réservoir voisin du puits
aux échelles, et de faire agir cette eau alternativement sur les
plateaux creux d'une espèce de grande balance dont les oscilla-
tions, à l'aide d'une communication de mouvement, viendraient

en aide à la machine motrice lorsqu'il faudrait, par exemple, élever quatre hommes par palier.

Un semblable appareil, pour le cas éventuel d'un désastre au fond des travaux, serait infiniment moins onéreux que la construction et l'alimentation d'une machine de 200 chevaux, ne faisant habituellement que le travail de cinquante ou soixante.

Septième objection. — Le principal motif pour lequel M. Lamarle refuse de proposer le prix, est l'absence de nouveauté dans les moyens proposés par l'auteur du mémoire, pour arriver au résultat demandé; principalement en ce qui concerne l'extraction, l'épuisement et les moyens de transport des ouvriers de la surface au fond, et réciproquement. Ce ne sont, dit-il, que des extensions, des modifications des moyens connus et employés aujourd'hui. M. Lamarle ignore donc l'histoire du progrès dans toutes les grandes industries et particulièrement dans l'exploitation de la houille; il ne sait pas combien il a fallu d'années et d'efforts persévérants pour amener au point de perfection où ils sont arrivés aujourd'hui, les systèmes d'abattage du combustible, d'emménagement des travaux intérieurs, de ventilation, d'extraction, d'épuisement, enfin toutes les opérations que comporte cette vaste industrie. Il semble ignorer que pas un perfectionnement essentiel n'y a été apporté sans que vingt voix n'en aient contesté l'utilité, l'efficacité, la possibilité même, pendant qu'une seule lui venait en aide; et ces opposants étaient surtout les hommes de théorie pure qui ne connaissaient la pratique que par ouï-dire. Je ne crois pas que l'on puisse citer un seul perfectionnement important qui leur soit dû et auquel ils n'aient pas fait, plus ou moins, des objections de toute espèce avant son acceptation définitive, à la suite d'essais pratiques d'abord peu satisfaisants, puis plus heureux, et enfin couronnés d'un succès décisif.

Aujourd'hui, les projets d'amélioration aux procédés d'extraction et d'épuisement, que cite particulièrement M. Lamarle, et à toutes les opérations que comporte l'exploitation des mines, foisonnent; l'esprit des inventeurs est sans cesse en travail, parce que la fortune et la gloire sont au bout du succès; mais il n'y a pas un de ces projets dont la majorité des savants et des exploitants ne nient les chances de réussite; malheureusement

ils ont souvent raison et Dieu seul sait ce qu'il sortira de bon et
d'utile de ce chaos précurseur du progrès.

Il est impossible, et l'histoire est là pour confirmer mon opinion, de présenter un projet de modifications radicales aux
différents procédés d'exploitation actuels, qui offre des chances
de succès immédiat, de supériorité certaine sur les méthodes
employées, assez évidentes, assez incontestables avant la sanction
de l'expérience, pour ne rencontrer immédiatement que des
approbateurs, pour être universellement accueilli sans crainte
de mécompte, et surtout pour conquérir le suffrage flatteur d'une
académie. Il faudrait, pour arriver à ce résultat, un homme d'un
rare génie et tel qu'il ne s'en est point encore rencontré ; l'exemple
de tous les inventeurs célèbres en est la preuve convainquante.

Je ne pouvais donc, à moins d'échouer à coup sûr, puisque je
ne suis point un homme de génie, traiter la question mise au
concours, de ce point de vue, et je ne puis croire que telles aient
été les exigences du Gouvernement et de l'Académie en posant
cette question.

La condition d'absolue nouveauté, admise par M. Lamarle et
que MM. De Vaux et Brasseur ont tout à fait passée sous silence,
ne peut être qu'une opinion personnelle, une façon particulière
d'interpréter les termes du programme, qu'aucun concurrent ne
pouvait deviner, puisqu'elle ne résulte nullement de la lecture
attentive de ce programme, qui ne pose qu'incidemment la question d'invention, et pour le cas où la question principale ne
serait pas résolue. Si cette obligation eût été nettement imposée,
je me serais abstenu de concourir et, bien certainement, le
concours lui-même, considéré dans la vaste étendue des questions qu'il embrasse, se serait trouvé d'avance frappé de stéri-
lité ; il n'en pouvait résulter qu'une série de mémoires plus ou
moins poétiques, que la discussion, en l'absence de toute confir-
mation pratique, devait réduire à néant, puis reléguer dans les
archives de l'Académie. Je crois pouvoir ajouter que, depuis la
mise à l'ordre du jour de cette grave question, je n'ai pas rencontré un seul ingénieur qui voulût la prendre au sérieux,
envisagée sous ce point de vue, et croire qu'un système quelconque d'exploitation, complétement différent de ceux d'aujour-

d'hui, pût sortir du cerveau d'un inventeur, armé de pied en cap, comme la Minerve de la poésie antique.

En interprétant au contraire le programme comme je l'ai fait, le concours avait une raison d'être et pouvait porter quelques fruits. En effet, l'instant où l'exploitation de la houille sera portée à d'immenses profondeurs, n'est pas éloigné; il sera peut-être venu, pour quelques entreprises, dans dix ans, et il importait beaucoup de se rendre un compte exact de la possibilité d'user de tous les engins actuels et de la façon d'en tirer le meilleur parti dans ce cas. C'est ce que j'ai fait en indiquant des règles à suivre pour les réduire à leur plus simple expression possible. De cette façon, l'étude devait être profitable, et chaque résultat obtenu ne pouvait susciter que des objections de détail que l'expérience acquise aiderait à lever. On arrivait, par ce procédé, à poser d'une manière nette et certaine les conditions du progrès sage et sans mécompte, de sorte que les connaissances acquises dans cette voie devaient être d'une incontestable utilité immédiatement et dans l'avenir, surtout si l'homme de génie, dont je parlais tout à l'heure et qui doit faire du nouveau à l'abri de la discussion, n'a point paru à l'époque où l'on aura besoin de ses inventions.

Au reste, tout en envisageant la question à son point de vue positif et pratique, je n'ai pas négligé tout à fait le côté de l'invention. J'ai recueilli quelques-uns des plus notables perfectionnements proposés qui m'ont paru être le fruit d'efforts intelligents, et je les ai recommandés aux méditations des gens du métier, en exposant les motifs qui me faisaient concevoir quelques espérances de les voir réussir; j'aurais pu en indiquer davantage encore, et même en introduire quelques-uns de mon propre fonds, mais je n'ai pas cru que cette exposition fût, dans la circonstance, d'une grande utilité, puisque je ne pouvais porter sur aucun un jugement définitif. Je n'aurais fait ainsi que discuter sans conclure avec parfaite connaissance de cause, affirmant simplement le succès en face d'aversaires le niant non moins résolûment, en l'absence de toute base logique expérimentale; car chacune de ces améliorations doit être encore aujourd'hui envisagée sous toutes ses faces, doit passer par le creuset de l'expérience et, par conséquent, par une série de

mécomptes, de modifications, enfin, par toutes les phases qui
caractérisent la jeunesse d'une grande invention, jusqu'à ce
qu'elle arrive à l'état viril ou de succès complet et d'universelle
application. La théorie seule ne suffit pas pour distinguer les
bonnes inventions des mauvaises ou des médiocres ; ainsi, par
exemple, la machine à vapeur à mouvement de rotation direct
que la théorie indique comme la meilleure pour les transports
sur les chemins de fer, pour la navigation et pour mille autres
applications, n'a jamais pu être construite d'une manière acceptable dans la pratique; elle a toujours valu moins que les machines à mouvement rectiligne, sous toutes les formes que les
inventeurs lui ont données. Il ne serait pas difficile de multiplier les citations, pour montrer que la théorie seule est
impuissante à former un jugement définitif sur la plupart des
grandes inventions, et tous les changements radicaux dans les
méthodes actuelles d'exploitation de la houille, sont dans ce cas.

En terminant, je ferai remarquer combien il est difficile de
concilier les exigences de M. Lamarle sur cette question d'invention, lorsque toute base expérimentale d'appréciation manque, et ses préventions instinctives contre des dispositions dont
le succès pratique paraît si certain, que pas un constructeur
expérimenté n'hésiterait à en entreprendre la réalisation à ses
risques et périls.

RAPPORT DE M. BRASSEUR.

Il est impossible, en lisant ce rapport, de n'être pas frappé de la foi naïve de M. Brasseur en l'ignorance à peu près complète de l'auteur du mémoire n° 4, ainsi que de sa confiance, non moins entière, en sa propre infaillibilité; choses qui sont parfaitement corrélatives et dont on pourra tout à l'heure apprécier le fondement.

Pour procéder avec méthode, les réponses aux objections de Monsieur le commissaire de l'Académie seront classées dans le même ordre et porteront les mêmes titres de chapitres que les objections elles-mêmes; de plus, je prie le lecteur de relire chaque objection avant de lire la réponse correspondante.

Chapitre extraction. — M. Brasseur commence par poser en principe que, dans l'appareil d'extraction, la plus grande difficulté consiste à concilier, si c'est possible, pour une córde de 1,000 mètres, la vitesse nécessairement variable des bobines avec une vitesse uniforme que devraient avoir les cuffats et les cages.

C'est précisément l'inverse de la réalité; toutes les fois que l'on tire d'une grande profondeur une charge, à l'aide d'un câble et d'un treuil, la résistance diminuant à chaque instant de tout le poids de la portion du câble qui s'enroule, on s'efforce de rendre le moment de cette résistance constant, en agrandissant son bras de levier, afin que la puissance motrice, qui peut être considérée comme agissant sur un bras de levier constant, fonctionne toujours dans les mêmes conditions de vitesse à son point d'application, et l'on organise la communication de mouvement de façon que cette vitesse de l'appareil moteur soit celle que l'on a jugée correspondre à son maximum d'effet utile. Or, la machine à molettes n'est qu'un treuil régulateur double, sur lequel un câble, soulevant la charge utile, représente la résistance, tandis que l'autre câble, redescendant le vase vide qui va chercher une autre charge, vient en aide à la puissance motrice et, dans ce cas, on s'efforce de rendre constante la différence entre le moment du vase plein qui monte et le moment du vase vide qui descend, afin de conserver à l'appareil moteur, comme dans le treuil simple, la vitesse constante qui convient à sa nature et à son bon effet utile. Il résulte de là que dans l'appareil à molettes le plus parfait :

1° La machine motrice fonctionnerait avec une vitesse uniforme et que les bobines en recevraient également une vitesse angulaire parfaitement uniforme.

2° Que la vitesse angulaire des bobines étant uniforme, le rayon d'enroulement d'un câble augmentant à chaque instant et celui de déroulement de l'autre câble diminuant toujours, la vitesse du vase plein qui s'élève doit croître continuellement depuis le bas jusqu'en haut du puits, et celle du vase vide qui descend, décroître depuis le haut jusqu'en bas.

Dans la pratique, l'appareil à bobines ne satisfait pas entièrement à cette condition de régularité absolue de vitesse des bobines, et de différence constante entre le moment de la charge qui monte et celui du vase vide qui descend; mais quand les diamètres des noyaux sont judicieusement déterminés, il s'en écarte peu, et les vitesses des cuffats ou cages varient *nécessairement* entre des limites fort écartées.

Donc, contrairement à l'assertion de M. Brasseur, la grande difficulté que l'on s'efforce de résoudre est de concilier la vitesse variable des cuffats ou cages avec une vitesse invariable que devraient posséder les bobines, et non de concilier la vitesse variable des bobines avec une vitesse uniforme que devraient avoir les cages ou cuffats.

Plus loin, M. Brasseur me reproche de n'avoir pas tenu compte de la résistance de l'air dans le calcul des différentes épaisseurs du câble; à cela je répondrai :

1° Que je ne connais aucune expérience qui puisse fournir, en kilogrammes, la résistance qu'une cage pleine ou vide éprouve à se mouvoir dans un puits avec une vitesse déterminée, et que, très-probablement, M. Brasseur se trouve dans le même cas; les résultats approximatifs acquis, jusqu'aujourd'hui, sur ce genre de résistance, n'étant point applicables dans cette circonstance.

2° Que ce calcul est inutile, attendu que les câbles qui fonctionnent aujourd'hui à grande vitesse sous la charge de $\frac{1}{6}$ du poids de rupture, et qui sont calculés sans tenir compte de la résistance de l'air, sont d'un excellent usage et que, par conséquent, la résistance de l'air était implicitement comprise dans celles qu'ils avaient à surmunter, quand on a déterminé leur section, d'après les exigences de la pratique.

M. Brasseur signale ensuite les inconvénients que présentera dans l'enroulement, la diminution de largeur des câbles en aloès.

J'avoue que je me suis peu occupé, en écrivant le mémoire, de cette question d'enroulement que je considérais comme accessoire, et je n'ai donné les différentes sections d'un câble que pour offrir un exemple de la loi de décroissement de ces sections du haut en bas. Je ne pensais pas que l'on pût en faire un argument contre l'emploi de la machine à mōlettes, parce que les câbles en aloès pour de grandes profondeurs, seront très-probablement remplacés par les câbles en fils de fer, ainsi que je l'indique dans le mémoire, et parce qu'aujourd'hui, en prévisions des nécessités prochaines de l'exploitation, M. De Mot, d'Hornu, va fabriquer des câbles plats en fils de fer à sections décroissantes seulement sur l'épaisseur; la largeur sera maintenue constante en plaçant vers le bas, une aussière légère de chanvre entre les torons de fils de fer, afin de les tenir écartés à l'aide de cette fourrure, sans augmenter sensiblement leur poids.

Il est très-probable que s'il le fallait absolument, on arriverait aussi à construire des câbles en aloès sur le même principe, la fourrure agissant utilement comme résistance, dans ce cas.

Néanmoins, en admettant même qu'il faille en passer par l'emploi de câbles diminuant de largeur, la question d'enroulement n'est pas encore insoluble. En effet, dans les machines actuelles qui ont de tels câbles il se produit constamment, pour des causes variables ou mal étudiées jusqu'à présent, un phénomène particulier : le câble, s'enroule en s'appuyant toujours, de lui-même, contre une des joues de la bobine et n'est par conséquent guidé que d'un côté. Si les choses ne se passaient pas ainsi à de plus grandes profondeurs et si les tours successifs venaient à se superposer irrégulièrement, de manière à faire craindre la chute d'une partie de câble dans l'espace compris entre une joue de la bobine et la partie déjà enroulée de ce câble, on pourrait probablement l'obliger à s'enrouler plus régulièrement contre une de ces joues à l'aide de l'appareil indiqué fig. 2, pl. II, qui n'est qu'un moyen de diriger le câble avant l'enroulement, et qui se compose tout simplement de deux rouleaux coniques entre lesquels passe le câble et qui sont placés le plus près possible de la bobine. Le câble variant de niveau en ce point, suivant le rayon d'enroulement ou de déroulement, serait toujours exactement compris, quelque variable que fût sa largeur, entre ces deux rouleaux qui devraient être construits suivant les variations adoptées pour cette largeur.

Le reproche de M. Brasseur tombe donc devant l'une ou l'autre de ces deux solutions de la question, qui demeure résolue par l'emploi de câbles à sections décroissantes.

Rayon du noyau des bobines. — Je montrerai tout à l'heure comment j'ai été conduit à affirmer qu'on obtient une régularité satisfaisante dans le travail de la résistance, en donnant au noyau des bobines un diamètre tel que le moment effectif de cette résistance soit le même au commencement et à la fin d'une opération; mais auparavant examinons l'assertion de M. Brasseur, lequel prétend que l'équation $\pi R^2 - \pi r^2 = Le$, qui s'applique aux cas où l'épaisseur du câble est constante, n'est point exacte et que le premier membre y est plus grand que le second.

Pour cela, il faut exposer nettement comment s'opère, dans la pratique, l'enroulement des câbles, et j'ai représenté dans la fig. 1, pl. II la disposition généralement employée. L'extrémité du câble se replie dans une espèce de mortaise pratiquée dans le noyau de la bobine, qui est *toujours cylindrique*, et y est fixée par un coin; ou bien, cette extrémité repliée forme un œil dans lequel on passe une forte clavette qui dépasse le noyau des deux côtés et se trouve arrêtée par la partie inférieure de deux bras correspondants des joues de la bobine (v. fig. 2, pl. II).

Dans les deux cas, pendant la plus grande partie du premier tour, le câble décrit rigoureusement une circonférence, puis il se relève plus ou moins brusquement à l'instant où il rencontre l'extrémité fixée au noyau, pour franchir le ressaut et recommencer immédiatement à décrire une nouvelle circonférence. Ces brusques relèvements du câble, dans l'angle ABC, deviennent de moins en moins visibles à l'œil, en s'arrondissant à mesure que le nombre de tours augmente, au point qu'après un certain nombre de ces tours, ils cessent d'être visibles et que l'on peut croire aisément que la courbe décrite est une spirale, quoiqu'il n'en soit rien et que ce soit une série de circonférences concentriques dans toute la partie qui se trouve en dehors de l'angle ABC.

Admettons maintenant, comme on le fait toujours, que le câble en se courbant, ne change pas d'épaisseur ; que sa longueur soit également constante, la flexion se produisant par la tension des parties situées en dehors du milieu de cette épaisseur et par le refoulement des parties situées en dedans, la ligne médiane ne variant point ; et que le rayon d'enroulement soit la distance de l'axe de rotation au milieu de l'épaisseur du câble au point où il devient tangent à la courbe sur laquelle il s'enroule ; et enfin, qu'il y ait au moins 4 ou 5 tours qui ne se déroulent jamais, ce qui est le cas invariable de la pratique.

Le rayon r sera la distance de l'axe au milieu de l'épaisseur du câble au point de tangence à la courbe formée par les tours qui ne se déroulent jamais ; le rayon R sera la distance du même axe au milieu de l'épaisseur du câble au dernier point de tangence, et la longueur L sera toute la longueur de câble comprise depuis le premier jusqu'au dernier point de tangence. Ces rayons sont représentés dans la fig. par Bm et Bx ; la surface comprise entre les circonférences correspondantes sera exprimée par $\pi R^2 - \pi r^2$, et la surface latérale du câble enroulé pendant l'opération complète, sera Le.

Voyons maintenant si, comme le prétend M. Brasseur, le premier membre est toujours plus grand que le second, dans l'équation $\pi R^2 - \pi r^2 = Le$.

Si, au commencement d'une ascension, la câble est tangent en m, il est évident que pendant la plus grande partie du premier

tour, jusqu'en n, la moitié de l'épaisseur de ce câble se trouvera
en dedans de la circonférence de rayon r et la moitié en dehors.
S'il est, au contraire, tangent en z, r diminue d'une épaisseur
de câble, puis le rayon d'enroulement grandit rapidement de
cette épaisseur et, jusqu'en n, le premier tour se trouve tout à
fait en dehors de la circonférence de rayon r dont la distance à
la partie interne du câble qui s'enroule est égale à $\frac{e}{2}$.

Des observations analogues s'appliquent au rayon d'enroulement final R, à l'instant où la cage arrive au jour. L'épaisseur de
la plus grande partie du dernier tour de câble est partagée en
deux parties égales lorsque le câble est tangent en y, à la fin
d'une ascension, et elle est intérieure à la circonférence de
rayon R, à la distance $\frac{e}{2}$, lorsque ce câble est tangent en x.

Il résulte de là que si, au commencement de l'opération, le
câble est tangent en z et à la fin tangent en x, la surface comprise entre les deux circonférences de rayons r et R, ne sera
pas entièrement couverte par le câble enroulé et $\pi R^2 - \pi r^2$ sera
plus grand que Le. Si, au contraire, le câble, au commencement,
est tangent en m et à la fin en y, ce câble enroulé couvrira
plus que la surface comprise entre ces deux circonférences et
$\pi R^2 - \pi r^2$ sera plus petit que Le. Entre ces deux limites extrêmes, il y a des points de tangence, au commencement et à la
fin d'un opération, pour lesquels $\pi R^2 - \pi r^2 = $ Le, et d'autres
pour lesquels le premier membre de cette équation est plus petit,
ou plus grand que le second, de quantités variables comprises
entre les limites correspondantes aux positions extrêmes que
j'ai indiquées ci-dessus.

Or, il est impossible, dans la pratique, de prévoir la position
des points de tangence d'un câble au commencement et à la fin
d'une ascension et il est, par conséquent, rationnel d'adopter la
valeur moyenne $\pi R^2 - \pi r^2 = $ Le. C'est ce que j'ai fait dans mon
mémoire, et M. Brasseur lui-même emploie sans scrupule la
même expression à la recherche du rayon R, un peu plus loin.

En indiquant ici de quelle façon les câbles s'enroulent effectivement sur les bobines, je n'ai nullement la prétention de contester, au point de vue de l'application, l'excellence de la formule de M. Combes qui sert à déterminer les diamètres de
noyaux de bobines pour arriver au maximum de régularisation

du travail. Cette formule, il est vrai, est construite dans l'hypothèse inexacte d'un câble qui s'enroule en spirale, mais l'erreur
qui peut en résulter est si faible qu'elle n'a aucune importance
pratique. D'un autre côté, les formules à l'aide desquelles on
calcule les mêmes noyaux pour que le moment effectif de la résistance soit le même au commencement et à la fin d'un opération, dans le cas de l'emploi de câbles à sections constantes,
fournissent dans les circonstances ordinaires des résultats si
voisins de ceux que l'on obtient par les formules de M. Combes
que, très-probablement, on peut se servir indifféremment des
unes ou des autres; d'autant plus que l'aplatissement des câbles par l'usage, dans la partie qui s'enroule la première, le
gonflement de certaines autres parties quand elles sont mouillées
d'une manière une peu permanente et l'allongement général de
ces câbles, qui peut s'élever jusqu'à 0,04 à 0,05 de leur longueur
totale, mettent ordinairement tous les résultats des formules en
déroute, mais non au point que la marche de la machine motrice
en soit entravée, ou même sérieusement affectée, lorsque les
noyaux des bobines ont été calculés par l'une ou l'autre des
méthodes indiquées ci-dessus.

La remarque de M. Brasseur, sur l'équation $\pi R^2 - \pi r = Le$,
n'est donc pas fondée, et comme elle n'aurait, dans le cas où elle
serait vraie, aucune importance industrielle, on ne peut lui attribuer qu'un but, celui de mettre en lumière l'insuffisance théorique de l'auteur du mémoire. Dans ces cas, elle aurait dû, au
moins, présenter le mérite de l'exactitude, qui lui manque.

Après cela, M. Brasseur reproduit les objections contre les faibles dimensions des premiers rayons d'enroulement, auxquelles
j'ai déjà répondu précédemment dans la partie de ce mémoire
qui est relative à la critique de M. Lamarle; puis il passe à la
critique des moyens employés pour déterminer le premier rayon
d'enroulement, dans le cas des câbles à sections décroissantes.

Il reproche à l'auteur de s'être contenté d'affirmer la loi de
variation du travail qu'il énonce, sans en donner la démonstration, et met en suspicion la possibilité d'arriver à un degré de
régularité suffisant dans la vitesse de l'appareil moteur ou, en
d'autres termes, dans la valeur du moment effectif de la résistance, dans les conditions que j'ai adoptées.

Je n'ai point, en effet, exposé d'une manière générale la loi
de variation du moment de la résistance pendant toute la durée
d'une ascension, parce qu'il m'a été impossible de découvrir
cette loi ; mais, pour y suppléer, j'ai remarqué d'abord que les
machines d'extraction avec câbles à sections décroissantes fonc-
tionnaient avec une régularité suffisante, ce qui indiquait que
les variations du moment de la résistance n'y étaient pas trop
considérables ; puis j'ai formé, par une méthode que j'ai publiée
dans le bulletin du Musée de l'Industrie, livraison d'octobre 1851
et suivantes, un tableau des valeurs que prend ce moment en
différents points de la course des cages ou cuffats ; j'ai calculé
ainsi, pour certains cas que l'on rencontre assez fréquemment
dans la pratique, quelques tableaux, dont l'un est inséré dans
le mémoire que j'indique ci-dessus, et ils m'ont fourni empiri-
quement la loi de variation du moment de la résistance que j'ai
énoncée. J'avoue cependant que j'ai eu tort d'étendre jusqu'au
cas où la profondeur d'extraction atteint 1000 mètres, une loi
empirique que ne doit guère s'employer que dans les limites
entre lesquelles elle a été déterminée, et voici, malgré la longueur des calculs que l'opération comporte, un tableau des valeurs successives du moment effectif de la résistance dans le cas de
l'emploi des câbles en fils de fer ; ce moment effectif est déterminé chaque fois que l'épaisseur de l'un des câbles change,
sur l'une ou l'autre bobine.

CHANGEMENT D'ÉPAISSEUR DES CABLES sur l'une ou l'autre bobine.	Nombre de tours depuis le commencement de la course.	CAGE MONTANTE. Longueur de câble dans le puits. (Mètres.)	CAGE MONTANTE. Poids de cette longueur. (Kil.)	CAGE MONTANTE. Charge constante à l'extrémité. (Kil.)	CAGE DESCENDANTE. Longueur de câble dans le puits. (Mètres.)	CAGE DESCENDANTE. Poids de cette longueur. (Kil.)	CAGE DESCENDANTE. Charge constante à l'extrémité. (Kil.)	Rayon d'enroulement du câble de la cage montante. (Mètres.)	Rayon de déroulement du câble de la cage descendante. (Mètres.)	Moment de l'effort du câble de la cage montante.	Moment de l'effort du câble de la cage descendante.	Moment effectif de la résistance, lorsque l'un des câbles change d'épaisseur sur l'une ou l'autre bobine.
	0,000	1000	7303	4860	0	0	2140	0,720	2,223	8757	4757	4000
1er changement, bobine de la cage descendante.	5,100	975	7038	4860	70	325	2140	0,809	2,172	9625	5353	4272
2e id., id. id.	12,333	940	6667	4860	170	822	2140	0,939	2,091	10729	6194	4535
3e id., id. id.	20,329	895	6194	4860	270	1370	2140	1,075	1,999	11883	7020	4563
4e id., id. montante.	22,437	870	5952	4860	295	1512	2140	1,113	1,974	12033	7210	4823
5e id., id. descendante.	28,789	830	5565	4860	370	1973	2140	1,217	1,897	12687	7802	4885
6e id., id. montante.	35,608	770	5000	4860	447	2474	2140	1,329	1,805	13103	8328	4775
7e id., id. descendante.	37,728	753	4858	4860	470	2630	2140	1,361	1,799	13226	8490	4736
8e id., id. id.	46,728	675	4177	4860	570	3348	2140	1,501	1,653	13535	9071	4484
9e id., id. montante.	46,834	670	4136	4860	573	3370	2140	1,505	1,656	13520	9014	4506
10e id., id. descendante.	56,763	573	3370	4860	670	4136	2140	1,636	1,503	13464	9432	4032
11e id., id. montante.	56,969	570	3348	4860	675	4177	2140	1,653	1,501	13567	9481	4086
12e id., id. id.	65,969	470	2630	4860	755	4858	2140	1,779	1,561	13324	9524	3800
13e id., id descendante.	67,990	447	2474	4860	770	5000	2140	1,805	1,329	13257	9346	3891
14e id., id. montante.	74,908	370	1973	4860	830	5565	2140	1,897	1,217	12962	9377	3585
15e id., id. descendante.	81,141	295	1512	4860	870	5952	2140	1,974	1,113	12578	9006	3572
16e id., id. montante.	83,368	270	1370	4860	895	6194	2140	1,999	1,075	12433	8959	3474
17e id., id. id.	91,164	170	822	4860	940	6667	2140	2,091	0,939	11881	8246	3635
18e id., id. id.	98,597	70	325	4860	975	7038	2140	2,172	0,809	11261	7345	3918
19e id., id. id.	103,697	0	0	4860	1000	7303	2140	2,223	0,720	10803	6800	4005

P. Charge utile = 2700000 k. m.

ρ Rayon moyen

Effet utile pendant une ascension de 2700 k. 1000 m. = 2700000 k. m.

Travail P . ρ . 2π . 103,697 = 2700000.

d'où, moment moyen P ρ = 4110.

Le moment effectif prend la valeur du moment moyen entre 0,000 et 5,000 tours et entre 46,834 et 56,763 tours ; c'est-à-dire deux fois seulement dans une ascension.

Ce tableau montre qu'au commencement et à la fin de l'opération, le moment effectif de la résistance est plus petit que le
moment moyen (4110), ainsi que je l'avais annoncé ; mais il ne
prend que deux fois la valeur du moment moyen, un peu avant
le cinquième tour de bobine et vers la moitié du nombre total de
tours ; entre ces deux instants, il est constamment supérieur à
ce moment moyen ; puis, pendant le reste de l'opération, il lui
est inférieur, tout en s'en rapprochant beaucoup vers le dix-
huitième changement. Dans les exemples que j'avais choisis précédemment, cette récrudescence du moment effectif vers la fin
de l'opération, était plus prononcée et l'élevait au delà du moment moyen, ce qui m'avait fait avancer qu'il existait quatre
points d'équilibre entre la résistance et la puissance moyenne.

La loi de variation du moment effectif n'est donc pas constante
et elle dépend de la loi de variation des différentes épaisseurs
des câbles. Il serait facile, en modifiant un peu les épaisseurs
successives que j'ai adoptées, d'atteindre un degré de régularisation du moment effectif, supérieur à celui que j'ai obtenu ;
mais, très-certainement, l'appareil pourrait fonctionner dans
les conditions indiquées.

En fermant le modérateur, ou soupape régulatrice, les chaudières feraient provision de vapeur pendant environ la moitié
de la durée d'une ascension et pendant l'intervalle de deux
ascensions consécutives, en ne dépensant pas toute la vapeur
correspondante à la puissance moyenne de la machine, et cet
excédant servirait, pendant la première moitié de l'opération
suivante, à développer un travail un peu supérieur au travail
moyen, en ouvrant complétement la soupape régulatrice. Il est
bien entendu que toutes les pièces de l'appareil devraient être
capables de supporter sans inconvénient l'excès d'effort auquel
elles seraient soumises pendant cette période et, en général,
toutes les machines d'extraction construites pour développer
une certaine puissance moyenne, doivent être très-solidement
constituées, pour que, de temps en temps, elles puissent fonctionner sans danger sous de plus fortes charges que celle qui
sert à déterminer leur puissance nominale.

Enfin M. Brasseur reproche à l'auteur de n'avoir pas employé
la formule de M. Combes, qui donne les rayons des noyaux de

bobines correspondant au maximum de régularité dans le travail de la résistance, après l'avoir appropriée au cas d'un câble dont l'épaisseur varie. Un semblable reproche est vraiment étrange ; M. Combes, dans la recherche de ce rayon, s'est placé dans le cas le plus simple possible, celui d'un câble à sections constantes et à poids constant par unité de longueur ; de sorte que, dans le mouvement de rotation des bobines, les bras de levier des efforts tangents à ces bobines augmentent ou diminuent d'une quantité constante pour des chemins angulaires égaux décrits par l'arbre moteur ; que les accroissements ou décroissements de ces efforts sont exactement proportionnels à la longueur de câble enroulée ou déroulée, et que, dans des temps égaux, l'accroissement du bras de levier de la charge qui agit comme résistance, est rigoureusement égal au décroissement du bras de la charge qui agit comme puissance.

Dans le cas des câbles à sections variables, au contraire, l'épaisseur varie suivant une loi tout à fait arbitraire qui dépend des convenances de la fabrication ; pour des angles égaux décrits par l'arbre des bobines, les accroissements et décroissements des bras de levier des efforts qui leur sont tangents, changent de valeur relative à chaque instant, et le poids des câbles, par mètre courant, varie d'un bout à l'autre de leur longueur. Il est donc extrêmement difficile, peut-être impossible, de former, avec tous ces éléments variables, une expression qui représente d'une manière générale la valeur du moment effectif de la résistance, en un point quelconque de la course des cages, et, à plus forte raison, de tirer de cette expression la valeur du rayon des noyaux de bobines qui satisferaient à la condition du maximum de régularité dans le travail de la résistance. Aussi je ne puis m'expliquer le reproche de M. Brasseur que par l'ignorance dans laquelle il était des difficultés du problème, ou par cette disposition que l'on rencontre chez certaines personnes qui sont appelées à porter un jugement sur la capacité d'autrui, à poser des questions insolubles qu'elles ne sont point chargées de résoudre, comme si elles en tenaient la solution dans la main ; ce qui leur donne, sans frais, un air savant.

Ce n'est pas qu'au fond cette question, fût-elle même résolue, présente une grande importance ; les résultats de la formule que

j'ai employée diffèrent ordinairement très-peu de ceux que l'on
obtient à l'aide de la formule qui est relative aux maximum de
régularisation, dans les conditions ordinaires avec câbles à sections constantes, et les évaluations du moment de la résistance,
avec les câbles à sections variables, faites par le procédé que j'ai
indiqué, montrent que l'on obtient, en adoptant la condition
d'égalité des moments au commencement et à la fin d'une opération, un degré de régularité suffisant dans la pratique ; de sorte
que, très-probablement, on touche ainsi aux conditions du maximum de régularité et que les faibles modifications à l'aide desquelles on se placerait rigoureusement dans ces dernières conditions, disparaîtraient, dans l'application, sous l'influence des
circonstances accidentelles , comme allongement des câbles ,
aplatissement par pression, et renflement, par l'humidité, de
certaines portions de leur longueur, et enfin variation de leur
poids sous l'unité de volume, provenant des imperfections inhérentes à toute fabrication.

Ce n'est donc qu'une question d'algèbre dont la solution rigou-
reuse ne serait, dans la pratique, que d'un faible secours, à
cause de l'impossibilité d'en faire une application exacte.

Dans le paragraphe suivant, M. Brasseur conteste la possibilité
d'arriver pratiquement à la vitesse moyenne de 6 mètres par
seconde, objection à laquelle j'ai répondu précédemment ; puis il
demande l'invention d'un nouvel appareil d'extraction pour le cas
où l'on n'obtiendrait pas une régularité suffisante au moyen des
bobines.

Il serait probablement assez difficile de satisfaire, dès aujour-
d'hui, à cette dernière exigence d'une manière satisfaisante, mais
si la machine à bobines était insuffisante pour l'extraction à la
profondeur de 1000 mètres, et qu'il fallût immédiatement entreprendre cette extraction, il est probable que l'on commencerait
par modifier l'appareil actuel à l'aide de contre-poids pour régulariser le travail, avant de se lancer dans la voie des procédés
nouveaux.

Machine d'extraction. — Le mémoire primitif contient une
erreur dans le calcul du travail de la puissance motrice ; mais
elle n'est pas signalée par M. Brasseur qui, voyant des erreurs où
il n'y en a pas, en revanche n'en voit pas où il y en a. Par inad-

vertance, j'ai compris le temps du repos entre deux opérations, dans l'évaluation de la durée d'une ascension, ce qui fait que le travail nécessaire pour produire cette ascension est de 217 à 218 chevaux au lieu de 182. L'excédant de puissance de la machine proposée sur la machine d'Hornu, fonctionnant dans les conditions indiquées, serait donc d'environ 56 chevaux et non de 21. Cependant, malgré cet accroissement de puissance, il est évident que, pour le même nombre de coups de piston par minute et même pression de vapeur qu'à Hornu, un cylindre de $\frac{161}{2} = 80,5$ chevaux ne diffère que d'une assez faible quantité d'un cylindre de $\frac{217}{2} = 108,5$. En effet, le travail de la vapeur dans les cylindres, toutes choses égales d'ailleurs, est proportionnel à leur volume. Soit donc V le volume du cylindre de 108,50 chevaux, celui de 80,5 étant comme à Hornu de

$$0,785 \ (0,75)^2 \ 2,10 = 0^{m3},927$$

Nous avons V : $0,927 = 108,50 : 80,5$. D'où V $= 1^{m3},249$; de sorte qu'en donnant à la course $2^m,20$, le diamètre serait

$$0,785 \ D^2. \ 2,20 = 1^{m3}, \ 247 \qquad \text{d'où } D = 0^m,841.$$

Donc 10 centimètres de plus sur la course, et 9 sur le diamètre, représentent toute la différence qui existerait entre le cylindre d'une machine de 161 chevaux et celui d'une machine de 217, toutes choses égales d'ailleurs ; et si l'on voulait augmenter dans ce rapport la puissance de la première, il faudrait modifier, bien entendu, toutes les autres parties de l'appareil qui l'exigeraient impérieusement, comme le piston, sa tige et la manivelle. Quant au surplus, il ne serait modifié que dans le cas où il ne présenterait pas une résistance suffisante pour supporter l'accroissement d'effort.

Il est impossible de prendre au sérieux le reproche que me fait M. Brasseur d'ignorer que l'on ne peut employer dans un cylindre de $0^m,84$ de diamètre, un piston qui n'a que $0^m,75$, et que la manivelle de $1^m,05$ de rayon ne puisse servir pour une course de piston de $2^m,20$; de semblables objections ne se réfutent pas.

Quant aux autres modifications qu'il signale comme indispensables, elles peuvent être inutiles dans beaucoup de circonstances, et la nomenclature de M. Brasseur, à ce sujet, prouve qu'il ne possède pas de notions bien nettes sur les conditions de marche et d'accroissement facultatif de puissance de la plupart des machines à vapeur.

Si la bielle et l'arbre des bobines sont assez solides pour supporter un excédant d'effort, il sera inutile de les changer; les noyaux de bobines étant ordinairement chargés de plusieurs tours de corde qui ne se déroulent jamais, on peut diminuer ce nombre de tours et par suite le premier rayon d'enroulement, sans changer les noyaux, à mesure que l'exploitation s'approfondit; la pompe alimentaire étant ordinairement construite pour fournir au moins le double de la quantité d'eau nécessaire à l'alimentation, il suffira, pour fournir plus d'eau aux chaudières, d'ouvrir un peu plus le robinet régulateur placé sur l'aspiration de cette pompe. Quant aux chaudières qui, dans notre pays, sont généralement construites pour être chauffées avec des houilles de rebut et qui ont une très-grande surface de chauffe, elles pourront fournir plus de vapeur en employant simplement de la houille de meilleure qualité, et ce n'est que dans le cas où l'on voudrait continuer à consommer ces houilles de rebut, qu'il faudrait ajouter une chaudière supplémentaire dont la puissance de production de vapeur serait déterminée par l'accroissement de travail que doit produire la machine.

La puissance des machines à vapeur est, en général, susceptible d'énormes variations ; il n'en est peut-être pas un sur cent qui produise exactement le travail pour lequel elle a été construite, et il existe aujourd'hui plus d'une machine qui, vendue pour une force nominale de 40 chevaux, fait régulièrement le travail de 60 ou 70, par accroissement de vitesse. La machine d'Hornu, que j'ai prise pour exemple, a élevé, comme on l'a vu plus haut, sa charge en moins d'une minute à la hauteur de 355 mètres, ce qui l'a transformée momentanément en une machine de 216 à 218 chevaux, comme celle que j'adopte, et cela sans aucune modification et sans renouvellement d'aucune des pièces de l'appareil. Il n'est donc pas vrai, en général, qu'il faille toujours renouveler toutes les parties d'une machine pour accroître sa puissance, et lorsque j'ai supposé que les cylindres de la machine que j'adoptais auraient des dimensions un peu supérieures à celles des cylindres

de la machine d'Hornu, je n'avais en vue qu'une seule solution de
la question d'accroissement de puissance, qui en comporte plusieurs, ou plutôt je n'avais d'autre but que de montrer la possibilité d'établissement d'une machine qui ne devait différer que
fort peu, dans ses parties principales, d'une machine établie et
fonctionnant très-bien.

Les observations de M. Brasseur à ce sujet, manquent donc de
portée et semblent présentées pour faire preuve d'une érudition
élémentaire qui , malheureusement, trébuche à chaque pas , et
qui eût été mieux employée à l'exposition de plusieurs théories
importantes qu'il ne fait qu'énoncer en plusieurs points de son
rapport, qui sont restées très-imparfaites jusqu'à présent, et qu'il
serait fort utile de compléter.

M. Brasseur affirme ensuite que j'aurais dû calculer toutes les
parties et les circonstances du mouvement de la machine, parce
que, dit-il, le calcul des machines d'extraction est beaucoup plus
difficile que celui des machines à vapeur ordinaires, le volant ne
suffisant plus pour remédier aux irrégularités du travail de la
résistance. On va voir tout à l'heure jusqu'où cette observation est
fondée. Puis, il expose sa théorie sur la manière de calculer ces
machines, théorie qui est bien sa propriété exclusive, qui n'a
jamais été employée, et pour bonne cause , et qui , très-probablement, ne le sera jamais.

Il faut, dit-il : 1° chercher le maximum de la différence des
moments des deux cuffats et égaler le moment de la force motrice
à cette plus grande différence, augmentée du moment des frottements et de la roideur des cordes, ainsi que du moment de la
résistance de l'air.

J'ai déjà montré, plus haut, combien il était difficile de former
une expression générale du moment effectif de la résistance dans
les appareils avec câbles à sections variables, pour déterminer la
valeur maxima de ce moment effectif, dans le cas d'une bonne
régularisation du travail. Maintenant M. Brasseur propose de
faire entrer dans cette expression, pour en tirer ce maximum du
moment effectif en tenant compte des résistances nuisibles, le
frottement qui est variable, et dont je crois impossible de déterminer la valeur absolue en tous les points de l'appareil dans une
position quelconque des différents organes de cet appareil ; la

roideur des câbles qui est également variable et qui, de plus,
est tout à fait inconnue, car les résultats des expériences de
Coulomb sur des cordes rondes en chanvre d'un petit diamètre,
ne peuvent raisonnablement être appliqués à d'énormes câbles
en aloès goudronnés et passés au laminoir, et surtout à des câbles
en fils de fer sur la roideur desquels on n'a jamais fait aucune
expérience ; enfin, la résistance de l'air sur laquelle on ne possède
que quelques expériences fort incomplètes, dans le cas des sur-
faces planes ou de quelques corps de formes bien définies, comme
des cônes, des cylindres, des sphères, etc., se mouvant dans un
espace à peu près illimité de tous les côtés du corps soumis à
cette résistance ; expériences dont il serait absurde d'appliquer
les résultats au cas d'une cage, de forme plus ou moins bizarre et
non susceptible d'être définie géométriquement, se mouvant dans
un puits étroit où l'air déplacé repasse presque instantanément
derrière le corps qui vient de le heurter ; et c'est en tenant compte
de tous ces éléments, qui sont entièrement inconnus à un instant
quelconque du mouvement de la machine à molettes, que M. Brasseur propose de déterminer le maximum du moment effectif de
la résistance. Cette prétention ressemble fort à une plaisanterie
qui n'aurait jamais dû trouver place dans un rapport académique.

Les mécaniciens d'aujourd'hui n'abordent que les problèmes
solubles, et voici comment ils calculent une machine d'extraction :

Ils déterminent la charge qu'ils veulent enlever d'un seul coup,
la profondeur du puits et le temps qu'ils consacreront à une ascension ; le produit de la charge utile par la hauteur d'élévation
leur donne l'effet utile de l'appareil qu'ils veulent construire. Ils
comparent ensuite cet appareil à quelque autre fonctionnant bien,
dans des conditions analogues, et sur lequel ils ont également
déterminé l'effet utile, d'une part, et le travail théorique de la
vapeur, de l'autre ; puis ils admettent que l'appareil qu'ils cons-
truisent rendra le même effet utile, et calculent toutes ses dimensions en conséquence. Si l'appareil qu'ils veulent établir présente
une aggravation évidente de pertes par résistances nuisibles, ils
diminuent de quelques centièmes le coefficient d'effet utile, et ont
toujours soin de faire la machine motrice plutôt trop puissante
que pas assez, afin d'éviter les mécomptes. Dans tous les cas, ils
regardent le travail résistant comme régulier quand les noyaux

de bobines sont calculés par la méthode que j'ai exposée, ou par
la formule de M. Combes quand elle est applicable, et comptent
que les chaudières feront un peu office de volant en emmagasi-
nant de la vapeur lorsqu'on fermera partiellement le modérateur
ou soupape régulatrice, quand le travail des résistances dimi-
nuera et que la vitesse tendra à s'accélérer, pour dépenser cet
excès en ouvrant davantage ce modérateur, quand la vitesse tendra
à diminuer par suite des accroissements de résistance ; ce qui entraîne de légères variations dans la pression de la vapeur dans
les chaudières.

La question, réduite à ces termes, devient facile à résoudre et la
machine d'extraction ne présente pas plus de difficultés que la machine motrice d'un moulin, à part quelques considérations particulières relatives à la distribution de vapeur, pour faciliter la
manœuvre.

2° L'auteur devait calculer le nombre de tours de bobines par
ascension complète, pour connaître le nombre de coups de pistons
des machines motrices.

Je n'ai pas fait ce calcul, et je n'ai pas assigné une vitesse déterminée aux pistons, parce que cela n'avait aucune importance
au point de vue de la solution de la question posée par l'Académie, et que je ne pouvais transformer mon mémoire en un cours
élémentaire de machine à vapeur ; mais puisque M. Brasseur
pense que ce développement pouvait aider à prouver la possibilité
de la machine d'extraction que j'ai proposée, je vais l'insérer ici,
d'autant plus volontiers que ce tableau du nombre de tours des
bobines me servira à examiner l'objection suivante relative à la
transmission directe du mouvement à l'arbre qui porte ces bobines.

Je suppose que l'on emploie le câble en fils de fer commençant à s'enrouler sur un noyau de $0^m,72$ de rayon.

RAYON d'enroulement à l'instant où une partie de câble d'épaisseur différente arrive sur la bobine.	NOMBRE de tours de bobines pour enrouler chaque partie de câble d'épaisseur constante.	ÉPAISSEUR de câble correspondante au nombre de tours indiqués dans la 2e colonne.	LONGUEUR de câble enroulé, de l'épaisseur désignée.
0m,72			
	22,457	0m,0175	130m.
1m,113			
	13,151	0m,0165	100m.
1m,329			
	11,226	0m,0155	100m.
1m,503			
	10,135	0m,0148	100m.
1m,653			
	9,000	0m,0140	100m.
1m,779			
	8,939	0m,0132	100m.
1m,897			
	8,460	0m,0125	100m.
1m,999			
	7,796	0m,0118	100m.
2m,091			
	7,433	0m,0109	100m.
2m,172			
	5,100	0m,0100	70m.
2m,223			
TOTAL. .	103,697 tours.		1000 mètres

Les bobines devraient donc faire 103,697 tours pour une ascension complète et les machines motrices fournir, dans le même temps, 207,394 coups de piston, si la transmission du mouvement était directe.

En rectifiant l'erreur commise dans le mémoire, et non signalée par M. Brasseur, on trouve que la puissance pratique des machines motrices devrait être de :

$$\frac{2720000}{166,66 \cdot 75} = 217 \text{ à } 218 \text{ chevaux.}$$

soit, pour chacune, un peu moins de 109 chevaux.

Si je calcule, maintenant, les dimensions principales d'une de ces machines, dans l'hypothèse d'une pression de vapeur de $2\frac{1}{2}$ atmosphères au-dessus de la pression atmosphérique, d'un coefficient d'effet utile de 0,45, d'une course de piston à peu près double de son diamètre, et enfin, en supposant que ces machines soient sans condensation, suivant la coutume, et la transmission directe ; je trouve successivement :

$$\text{Durée d'une course de piston } \frac{166'',66}{307,394} = 0,805 \text{ secondes.}$$

Travail utile dans une course : 109. 75. $0'',805 = 6564$ k. m.

Donc $0,785\ d^2\ 2d\ (36072 - 10335)\ 0,45 = 6564$

$$\text{d'ou } d = 0^m,712 ;$$

$$\text{et la course} = 1^m,424.$$

Pour éviter tout mécompte, j'adopterais un diamètre de $0^m,80$ et une course de $1^m,50$; ce qui représenterait une vitesse moyenne de pistons, égale à :

$$\frac{1,50}{0,805} = 1^m,86 \text{ par seconde.}$$

Cette vitesse peut être atteinte dans la pratique, et la transmission directe est possible dans le cas qui nous occupe ; mais elle deviendrait impossible pour une vitesse notablement plus grande, parce qu'on ne peut, sans danger pour l'appareil, dépasser certaines limites auxquelles nous touchons dans cette application.

Il n'est donc pas vrai, comme l'affirme M. Brasseur, que la transmission directe oblige toujours au plus petit nombre de pulsations, puisque nous atteignons ici, par ce moyen, les plus grandes vitesses que l'on ait réalisées dans les machines puissantes.

Dans les circonstances où le nombre de tours des bobines est tel qu'il oblige à imprimer aux pistons une trop faible vitesse, pour la transmission directe, il faut y renoncer et avoir recours aux engrenages, parce qu'une vitesse de $0^m,40$ à $0^m,50$, par exemple, ne convient pas, dans la pratique, au bon effet utile des machines puissantes. Il est vrai que, théoriquement, on peut communiquer aux bobines une vitesse angulaire quelconque, à l'aide d'un piston qui possède une vitesse quelconque déterminée, en faisant varier la course de ce piston relativement à son diamètre ; et que, par le même procédé, on peut communiquer à ces bobines une vitesse et un travail déterminés, avec une vitesse de piston quelconque ; mais on peut être conduit ainsi à des cylindres beaucoup trop longs ou beaucoup trop courts pour leur diamètre, et complétement en dehors des dimensions relatives qu'une longue expérience a indiquées comme les meilleures. Dans ce cas, il faudrait encore avoir recours aux engrenages.

On voit, par là, combien peu est fondée l'assertion de M. Brasseur lorsqu'il prétend que l'on peut *toujours construire* une machine qui fournisse, par transmission directe, la vitesse convenable aux cages ou cuffats. Cette assertion est vraie en théorie, mais elle ne l'est pas dans la pratique.

Quant à son affirmation que la transmission directe est la plus coûteuse, elle ne mérite guère d'être réfutée ; il est évident que toutes les fois que l'on peut obtenir une vitesse convenable par la transmission directe, les frais d'établissement de l'appareil sont amoindris, ainsi que les pertes par frottement, et l'appareil lui-même peut être mieux et plus facilement manœuvré par le mécanicien ; en d'autres termes, il est plus docile sous la main de ce dernier ; cela n'est plus, aujourd'hui, contesté par personne.

Conclusions sur ce chapitre. — Aux conclusions de M. Brasseur, j'opposerai ici les miennes :

Le câble en fils de fer et le câble en aloès qui n'est point trop épais, s'enrouleront sur le noyau de rayon que j'ai indiqué, et s'ils s'usent un peu plus vite que dans de meilleures conditions, on renouvellera de temps en temps le gros bout. Si, contre toutes prévisions, l'usure était trop rapide, on y remédierait par des contre-poids qui permissent d'adopter un rayon de noyau quelconque. Dans aucun cas, cet inconvénient ne sera un obstacle sérieux à l'emploi de la machine à molettes.

La largeur variable du câble ne sera point un obstacle à son emploi, et si elle en était un, on fabriquerait des câbles dont l'épaisseur seule varierait.

La vitesse de 6 mètres par seconde est non-seulement possible, mais encore il existe des appareils qui fonctionnent très-convenablement à cette vitesse.

La méthode indiquée par M. Brasseur pour calculer les machines d'extraction, n'est applicable d'aucune façon.

Quant à l'appréciation erronée sur la manière de faire servir les machines d'aujourd'hui pour extraire à la profondeur de 1000 mètres, je ferai d'abord observer que je n'ai point dit qu'il fût convenable d'employer la machine d'Hornu, telle qu'elle est aujourd'hui, pour l'extraction à la profondeur de 1000 mètres, en ne changeant que ses cylindres ; j'ai dit seulement que les cylindres de la machine que j'emploierais seraient un peu plus grands. Enfin les réflexions de M. Brasseur sur les conséquences qu'entraîne l'accroissement de puissance d'une machine, tombent à faux dans les trois quarts des circonstances.

Chapitre épuisement. — M. Brasseur, après avoir accordé que la maîtresse-tige, telle que l'auteur du mémoire l'a conçue, présente de grands avantages sur celles que l'on construit aujourd'hui, critique les 11 contre-poids destinés à réduire sa masse au minimum, puis il fait remarquer que les frais d'établissement de ces contre-poids n'ont point été portés en compte dans l'évaluation des frais d'épuisement. Ce dernier reproche est fondé : j'ai effectivement oublié de porter cette dépense en compte, après avoir indiqué qu'il y aurait de ce chef un accroissement de frais d'installation ; mais même en admettant, sans discussion, que cet excédant fût de 70,000 fr., et que l'intérêt et l'amortissement s'élevassent à 10 p. °/₀, soit 7000 fr. par an, il n'en résulterait, pour une extraction de 1,800,000 hectolitres, qu'un accroissement du prix de revient de $\frac{7000}{1800000} = 0,38$ de centime ; ce qui n'est nullement de nature à infirmer les conclusions générales de mon travail ; c'était un oubli à signaler, et non un obstacle à l'acceptation des propositions de l'auteur du mémoire.

Quant aux réflexions sur les difficultés d'établissement de ces contre-poids et sur l'impossibilité de les installer dans un cuvelage, je dois faire remarquer que j'ai indiqué deux espèces de contre-poids, les balanciers contre-poids ordinaires et les pompes foulantes sans soupapes, ou colonnes d'eau employées dans le Cornwall. Partout où les balanciers contre-poids seront trop difficiles à établir ou coûteront plus que les colonnes d'eau, on établira ces dernières qui peuvent, comme les pompes foulantes ordinaires, se placer partout, même dans un cuvelage. Au reste, il n'y a pas nécessité absolue d'équilibrer d'étage en étage, et on pourrait s'abstenir d'équilibrer dans un cuvelage en augmentant un peu le contre-poids supérieur, cela n'aurait aucune influence sur la section de la maîtresse-tige depuis ce dernier contre-poids jusqu'au jour.

M. Brasseur me fait ensuite un reproche grammatical ; il ne veut pas qu'une galerie de 10 à 12 mètres de longueur sur 4 à 5 mètres de hauteur et de 2 ou 3 mètres de largeur, soit une chambre étroite; passons outre ; puis il regrette que je n'aie point discuté l'impossibilité d'équilibrer la maîtresse-tige en installant les contre-poids seulement à la surface.

Je n'ai point placé tous les contre-poids, ou un contre-poids unique, à la surface, pour les raisons suivantes :

En calculant les différentes sections de la maîtresse-tige, lorsqu'on ne l'équilibre point d'étage en étage, et que l'on ne fait porter à chaque partie que $\frac{1}{15}$ de sa charge de rupture, et en négligeant les frottements ainsi que les effets de l'inertie pendant l'ascension, selon l'hypothèse admise, on arrive aux résultats consignés dans le tableau suivant :

TABLEAU des sections et poids successifs des différents étages de la maîtresse-tige considérés, chacun, comme commençant au-dessus d'un piston et se terminant au-dessus du piston supérieur, comme dans le tableau des sections de la maîtresse-tige équilibrée d'étage en étage.

		Poids avec piston et surcharge.	Poids total depuis le bas.	Section en centimètres carrés.	Côté du carré équivalent, en centimètres.
		Kil.	Kil.		
1er étage.	Pompe élévatoire.	8461	8461	200,46	14,16
2e id.	1re pompe foulante.	8461	16922	351,55	18,75
3e id.	2e id.	8461	25383	302,64	22,42
4e id.	3e id.	8461	33844	653,73	25,57
5e id.	4e id.	8461	42305	804,82	28,37
		Poids avec piston et sans surcharge.			
6e id.	5e id.	8631	50956	955,91	30,92
7e id.	6e id.	9923	60859	1156,91	33,71
8e id.	7e id.	10963	71822	1282,55	35,84
9e id.	8e id.	12366	84388	1506,95	38,81
10e id.	9e id.	14404	98792	1764,15	42,02
11e id.	10e id.	16510	115302	2058,99	45,37
12e id.	11e id.	18923	134227	2396,93	48,85
13e id.	12e id.	21692	155919	2784,50	52,75
14e id.	13e id.	24864	180785	3228,31	56,81
15e id.	14e id.	28300	209283	3737,22	61,13
16e id.	15e id.	32668	241951	4320,60	65,73
		Poids sans piston.			
17e id.	16e id.	35645	277596	4989,27	70,63

Poids de la maîtresse-tige avec surcharges.
1° Équilibrée par le haut . . 277596 kil.
2° Équilibrée d'étage en étage 216789 »

DIFFÉRENCE. 60807 kil.

Contre-poids total.
1° Équilibrée par le haut . . 142217 kil.
1° Équilibrée d'étage en étage. 81413 »

DIFFÉRENCE. 60804 kil.

Poids de la maîtresse-tige équilibrée d'étage en étage.
Tige de pompe élévatoire . . 800 kil.
1er piston foulant. . . . . 1800 »
Surcharges totales . . . . 15983 »
15 étages de maîtresse-tige . 178009 »
16e étage id. . 20197 »

216789 kil.

Poids effectif de la maîtresse-tige pour le refoulement. . . . 135379 kil.

On voit, par ce tableau, que pour épuilibrer la maîtresse-tige
par son sommet seulement, il faudrait accroître son poids d'environ 60,800 kilogr., et augmenter d'autant la somme des contre-
poids, ce qui les porte à 142,217 kilog. environ. En présence
de ce résultat, il est clair que l'on ne peut hésiter à équilibrer
cette tige par plusieurs points de sa hauteur ; on trouvera ainsi
la possibilité d'installation convenable et, surtout, plus de sécurité, car les conséquences d'une rupture sous le point d'attache
des contre-poids seraient désastreuses dans le cas où tout l'excédant de poids de la maîtresse-tige serait contre-balancé par un
seul point à la surface du sol.

Je ferai observer, avant de terminer, que l'on aurait obtenu une
maîtresse-tige un peu moins massive si, au lieu de supposer,
comme je l'ai fait, que chaque étage commence au-dessus du piston
d'une pompe foulante pour finir au-dessus du piston de la pompe
foulante supérieure, on voulait le considérer comme compris
entre deux points situés sous ces pistons, ce qui est peut-être
encore plus rationnel ; mais le bénéfice serait peu important.

Calcul de la machine d'épuisement. — Avant d'examiner la
méthode de M. Brasseur pour calculer la puissance des machines
d'épuisement, je vais la rappeller textuellement, afin que l'on
ne m'accuse point de l'avoir falsifiée pour en avoir plus facilement raison.

Il pose en principe que : dans les appareils actuels d'épuisement, composés d'une pompe élévatoire placée au bas de la
colonne totale d'ascension et de pompes foulantes dont le nombre
dépend de la profondeur du puits, *le calcul du travail moteur
doit se faire en partant du moindre poids que doit avoir la
maîtresse-tige, pour refouler l'eau et vaincre les frottements de
celle-ci dans les tuyaux, les frottements de tous les plongeurs et
de la pompe élévatoire et ceux inhérents à la machine à vapeur
marchant à vide.* Puis il ajoute que, dans le cas dont il s'agit, le
poids de la maîtresse-tige étant de 155,579 kilogr. pour produire le refoulement, et la course de $3^m,50$, l'effet utile de l'appareil est de 155379. 5,50 = 473826 $^{k.\,m.}$, et que la force
motrice en effectuant ce travail utile doit vaincre : 1° les frottements des plongeurs et de la pompe élévatoire ; 2° les résistances qu'éprouvent les plongeurs et la pompe élévatoire, les

premiers dans l'aspiration et la seconde dans l'aspiration et le soulèvement de l'eau ; 3° les frottements de toute espèce inhérents à la machine à vapeur marchant avec sa charge. Enfin, il avance qu'en supposant que l'on utilise les 0,70 du travail moteur, celui-ci doit-être de $\frac{473826}{0,70} = 676895$ k. m. au lieu de 627428 k. m. que l'auteur a obtenus.

Je ferai d'abord remarquer que la règle adoptée par plusieurs mécaniciens de donner à priori, à la maîtresse-tige, un excédant de poids de $\frac{1}{10}$ sur le poids de la colonne d'eau à refouler, n'est point applicable en toutes circonstances ; elle n'est employée que lorsque la hauteur d'élévation de l'eau par refoulement est considérable et, de plus, cet exédant, qui n'est presque jamais employé tout entier, n'est adopté que pour se ménager les moyens de produire à l'occasion un refoulement très-rapide. Dans les circonstances ordinaires, lorsque ce refoulement s'opère à la vitesse moyenne d'environ $0^m,50$ à $0^m,60$ par seconde ; lorsque, d'autre part, les colonnes d'ascension ont un grand diamètre et que l'appareil est bien monté, on diminue notablement cet excès de poids en rechargeant les contre-poids d'une quantité déterminée par tâtonnement et qui croît à mesure que l'appareil est mieux construit, ce qui procure une économie de force motrice.

Dans d'autres circonstances, par exemple lorsque l'appareil à élever l'eau se réduit à une pompe élévatoire et à une ou deux pompes foulantes à colonnes d'une faible hauteur, un excédant de $\frac{1}{10}$ sur le poids de la colonne refoulée peut n'être pas suffisant pour produire la descente avec une vitesse convenable et il faudrait par conséquent l'augmenter.

Il résulte de ceci que le poids effectif de la maîtresse-tige pour produire le refoulement, est excessivement variable suivant les circonstances et le degré de précision apporté dans le montage des appareils, et qu'il diminue à mesure que ces appareils sont plus parfaits, toutes choses égales d'ailleurs.

D'autre part, le poids effectif d'une maîtresse-tige ne peut, en aucune circonstance, être déterminé qu'avec une assez grossière approximation lorsque toutes les pièces dont elle se compose n'ont point été pesées directement avant le montage et que l'on s'est contenté des résultats du calcul sur la densité présumée et le volume de ces pièces, et même, lorsqu'on les a pesé, leur poids augmente par l'humidité et les dépôts de sable et de limon qui se font à leur surface, de sorte qu'il est impossible de connaître exactement le poids total de cette partie d'un appareil d'épuisement.

Or, comme la connaissance du poids effectif de la maîtresse-tige pour produire le refoulement, est un des éléments de l'effet utile inventé par M. Brasseur, voici les étranges conséquences auxquelles cette nouvelle théorie vient aboutir :

1° *L'effet utile d'un appareil d'épuisement ne peut jamais être déterminé rigoureusement ;*

2° *Cet effet utile est d'autant plus faible que l'appareil d'épuisement est mieux construit et qu'il consomme moins de vapeur pour élever une quantité d'eau déterminée.*

D'après cette judicieuse façon d'envisager les effets des machines, l'eau élevée par aspiration et par soulèvement direct du piston de la pompe élévatoire, est considérée comme résistance nuisible, et le travail correspondant rentre dans le coefficient de perte, de sorte que si la série de pompes montées dans un puits, se composait en très-grande majorité de pompes aspirantes élévatoires, l'effet utile se réduirait presque à zéro, la quantité d'eau élevée demeurant constante.

Ce qui ressort clairement d'un examen attentif de cette partie du rapport de M. Brasseur, c'est que ses idées ne sont pas nettes au sujet de ce que l'on nomme généralement l'effet utile d'un appareil d'épuisement.

Lorsque les gens du métier déterminent l'effet utile d'un semblable appareil, ils mesurent d'abord le volume d'eau qui arrive à la surface en un coup de piston, de quelque façon que cette eau y ait été amenée, par aspiration ou par refoulement ou successivement des deux façons, pendant son ascension progressive. Le produit du poids de cette eau par la profondeur du puits, représente l'*effet utile*. Ils déterminent ensuite, par les moyens connus, le travail absolu de la vapeur dans le cylindre, pendant la course où ce travail est produit. Le résultat de la division de l'effet utile par ce travail absolu ou théorique, se nomme le coefficient d'effet utile ; c'est le chiffre que j'ai supposé égal à 0,70, dans le mémoire.

Or, dans les machines d'épuisement à simple effet et à traction directe, le travail de la vapeur ne se produit que pendant le soulèvement du piston et il est nul pendant sa descente, tandis que l'eau est élevée partie pendant la descente, partie pendant l'ascension, et que les résistances passives se manifestent également pendant les deux courses; il en résulte que le travail théorique en une seule course, doit subvenir à l'effet utile et aux résistances passives pendant deux courses, de sorte que l'effet utile étant de 0,70 du travail théorique, les 0,50 qui restent sont destinés à surmonter toutes les résistances passives pendant la levée et pendant la descente de la maîtresse-tige.

Dans la machine d'épuisement que j'ai adoptée, l'effet utile par coup de piston est de 439200 $^{k.\,m.}$ et le travail théorique de $\frac{439200}{0.70} = 627428$ $^{k.\,m.}$; différence 188228 $^{k.\,m.}$. D'autre part, le poids statique de la colonne refoulée est de 125072 $^{kil.}$ et le poids effectif de la maîtresse-tige qui produit le refoulement est supposé par approximation de 135379 $^{k.}$; soit $\frac{1}{10}$ de plus; il en résulte que, pendant le refoulement, les résistances passives absorbent

$$(135379 - 125072)\ 3^{m},50 = 43074 \text{ }^{k.\,m.}.$$

De sorte qu'il reste 188228 $^{k.\,m.}$ — 43074 = 145154 $^{k.\,m.}$ pour surmonter toutes les résistances passives pendant l'élévation de la maîtresse-tige et subvenir aux pertes de travail de toute nature ; les 43074 $^{k.\,m.}$ nécessaires pour vaincre les résistances nuisibles pendant le refoulement, sont également produits pendant cette ascension et employés à soulever l'excédant du poids de la maîtresse-tige que les restituera en descendant. C'est là un résultat qui s'est produit plusieurs fois sous mes yeux, sur une échelle plus restreinte.

Dans les calculs que fait M. Brasseur pour prouver que je me suis trompé, l'effet utile étant de 439200 $^{k.\,m.}$ et le travail théorique de 676895 ; le coefficient d'effet utile est de $\frac{439000}{676895} = 0,648$, au lieu de 0,70 que j'ai adopté et que l'on peut effectivement obtenir d'une bonne machine d'épuisement.

Les remarques de M. Brasseur sur la puissance de la machine d'épuisement que j'ai calculée, ne reposent donc sur aucun fondement rationnel et je maintiens les chiffres que j'ai posés.

Machine à détente. — La plus grande partie du paragraphe

qui porte ce titre, a pour but d'insinuer que l'auteur du mémoire, en avançant certaines propositions sur la position du point d'équilibre et sur les limites de détente relatives à la grandeur des masses en mouvement, a abordé un problème qui lui est inconnu et contre lequel tous ses efforts ont échoué; mais cela est avancé sans preuve, sinon que les questions posées ne sont pas résolues.

Cette façon de raisonner est au moins singulière, et de ce que je n'ai point résolu certains problèmes dont je ne considérais pas la solution comme indispensable pour arriver au but général que je voulais atteindre, il ne me semble pas qu'il résulte nécessairement que je sois incapable de les résoudre; d'autant plus que, par un étrange concours de circonstances, il se trouve que l'auteur du mémoire que M. Brasseur accuse si bénévolement d'ignorance à ce sujet, est précisément celui qui, dans un autre mémoire inséré dans le bulletin du Musée de l'Industrie en 1843, a exposé, *le premier*, l'influence du poids de la maîtresse-tige et des contre-poids sur les limites de la détente dans les machines d'épuisement, et démontré l'existence du point d'équilibre ainsi que les moyens de déterminer sa position.

Il serait donc, à la rigueur, inutile de me justifier ici du reproche d'avoir tourné certaines difficultés, après avoir en vain essayé de les résoudre; mais comme l'exposition de la marche à suivre pour déterminer les limites de détente, dans les conditions que j'ai posées, peut être utile à quelques constructeurs, je vais présenter cette méthode débarrassée de toute opération mathématique abstraite, en faisant d'avance observer que les bâches des pompes foulantes étant placées sur les mêmes traverses que ces pompes, l'aspiration y est à peu près nulle et qu'il est par conséquent inutile de tenir compte de la force vive de l'eau aspirée par chaque plongeur, comme le veut M. Brasseur. Il ne peut être question, dans une circonstance comme celle-ci, que de renseignements approximatifs, et l'on peut hardiment mettre de côté tous les éléments qui n'ont qu'une très-faible influence sur le résultat final.

Dans la machine adoptée pour l'épuisement à la profondeur de 1000 mètres, la masse totale mise en mouvement pèse 300715 $^{kil.}$ au lieu de 297644 $^{kil.}$ qui sont indiqués dans le rapport de M. Brasseur, parce que j'avais oublié le contre-poids du deuxième étage de pompes foulantes, qui est de 3071 $^{kil.}$; cela porte le travail que cette masse peut emmagasiner à 95794 $^{k.m.}$ au lieu de 94515 $^{k.m.}$ D'autre part, le travail théorique d'une course est de 627428 $^{k.m.}$

Supposons, maintenant, que l'on veuille remplacer le cylindre de la machine sans détente par un cylindre assez grand pour pousser la détente jusqu'à la limite que permet la grandeur des masses en mouvement, la course restant la même et la tension de la vapeur ne devant pas dépasser 4 atmosphères sans déduction de la pression atmosphérique.

Soit x le chiffre inconnu de la détente ;

Et D le diamètre également inconnu du cylindre.

La formule ordinaire de détente donnera :

$$0,785 \cdot D^2 \cdot 3^m,50 \left[\frac{41340}{x} \left(1 + \log. x \cdot 2,3026 \right) - 3445 \right]$$
$$= 627428 \ ^{k.m.}$$

Cette équation simplifiée devient :

$$x \left(9465 + \frac{627528}{D^2} \right) - 261484 \ \log. x = 113560. \ (1)$$

Supposons maintenant que la valeur de D soit $2^m,60$:

L'équation se réduit à :

$$0,3911 \ x - \log. x = 0,4343$$

Et il faut chercher, par tâtonnement, quelle est la valeur de x qui satisfait à cette équation :

Essayons $x = 2$. Il vient $0,7822 - 0,30103 = 0,48117$.

x est trop grand.

$x = 1,7$. Il vient $0,66487 - 0,23044 = 0,43443$.

x est un peu trop grand.

En essayant $x = 1,60$, on trouve x trop petit.

On peut adopter $x = 1,7$

Donc un cylindre de $2^m,60$, dans lequel on détendrait la vapeur à 4 atmosphères jusqu'à 1,7 fois son volume à pression pleine, fournirait le travail de $627428^{k.m.}$ nécessaire à chaque course de piston.

Point d'équilibre. — La course du piston étant de $5^m,50$ et la détente se produisant jusqu'à 1,7 fois le volume primitif de la vapeur, cette détente commencera à $\dfrac{5,5}{1,6} = 2^m,06$ de la course du piston.

D'autre part, la pression effective sur le piston pour surmonter toutes les résistances utiles et nuisibles considérées comme constantes pendant toute la course, est de :

$$\frac{627428}{5,50} = 179265^{\text{ kil.}}$$

La pression x de la vapeur sur le piston, au point d'équilibre, en déduisant la contre-pression, sera :

$$x - 0,785\ (2,60)^2\ 3445 = 179265^{\text{kil.}}$$
$$\text{d'où } x = 197525^{\text{kil.}}$$

Enfin la pression initiale de cette vapeur est de :

$$0,785\ (2^m,60)^2\ 41340 = 219102^{\text{kil.}}$$

Il résulte de là que le chemin y parcouru depuis le commencement de la course jusqu'au point d'équilibre, sera :

$$y : 2^m,06 = 219102 : 197525$$
$$\text{D'où } y = 2^m,28.$$

Jusqu'au point d'équilibre, le chiffre de la détente sera donc de :

$$\frac{2,28}{2,06} = 1,107.$$

Si l'on calcule maintenant le travail absorbé par les résistances de toute nature et celui qu'a produit la force motrice, jusqu'au point d'équilibre, on trouve :

Travail des résistances : $2^m,28.\ 179265 = 408724^{k.m.}$

Travail de la puissance :

$$0,785 \, (2^m,60)^2 \, 2,28 \left[\frac{41340}{1,107} (1 + \log. \, 1,107.2,5026) - 3445 \right]$$
$$= 455482^{k.m.}$$

Différence entre les deux travaux, 46758$^{k.m.}$

Comme le travail que les masses peuvent emmagasiner est de 95794$^{k.m.}$, on pourra pousser la détente au delà de cette limite et agrandir le cylindre.

Faisons un deuxième tâtonnement en supposant D $= 2^m,80$. L'équation (1) fournit :

$$0,3422. \, x - \log. \, x = 0,4343.$$

Essayons $x = 2,5$. On trouve $0,85550 - 0,59794 = 0,45756$.

x est trop grand.

$x = 2,3$. On trouve $0,78706 - 0,36173 = 0,42533$.

x est trop petit.

$x = 2,35$. On trouve $0,80417 - 0,37106 = 43311$.

x est un peu trop petit.

2,36 satisferaient assez exactement à l'équation.

La détente commencerait donc après une portion de course de :

$$\frac{3,50}{2,36} = 1^m,48.$$

La pression initiale de la vapeur sur le piston serait de :
$$0,785 \, (2,80)^2 \, 41340 = 254422 \text{ kil.}$$

La pression x au point d'équilibre serait de :
$$x - 0,785 \, (2,80)^2 \, 3445 = 179265^{kil.}$$
$$\text{d'où } x = 200466^{kil.}$$

Donc le chemin y déjà parcouru, au point d'équilibre, aurait pour valeur :
$$y : 1^m, 48 = 254422 : 200466$$
$$\text{d'où } y = 1^m,878$$

Et le chiffre de la détente, jusqu'à ce point, serait représenté par :

$$\frac{1,878}{1,48} = 1,27.$$

Si on évalue maintenant, par la même méthode que plus haut, la différence entre le travail moteur et le travail résistant jusqu'au point d'équilibre, on trouve :

Travail résistant : $1^m,878. 179265 = 336639^{k.m.}$

Travail moteur :

$$0,785 \ (2,80)^2 \ 1,878 \left[\frac{41340}{1,27} \ (1 + \log. \ 1,27.2,3026) - 3445 \right]$$
$$= 426698 ^{k.m.}$$

Différence entre les deux travaux $90059^{k.m.}$

Ce chiffre est bien voisin des $95794^{k.m.}$ que peuvent emmagasiner les masses en mouvement, sans danger pour l'appareil, et il est très-probable que le plus grand diamètre que l'on pourrait donner au cylindre serait d'environ $2^m,82$ à $2^m,84$, et que la détente ne pourrait pas être portée au delà de deux fois et demie le volume de la vapeur à pression pleine.

—————

C'est par de semblables tâtonnements, qui s'exécutent avec assez de promptitude quand on en a fait quelques-uns, et qui peuvent être confiés à un commis d'atelier, qu'un constructeur peut se rendre compte de la limite approximative de détente qu'il pourra appliquer à un appareil d'épuisement déterminé, sans courir le risque de l'ébranler par de dangereux coups de bélier.

On pourrait encore envisager le problème sous une autre face et se proposer d'introduire la détente par accroissement de pression initiale de la vapeur, dans un appareil dont on ne voudrait pas changer le cylindre.

Supposons, par exemple, que l'on veuille travailler à détente avec la machine que j'ai adoptée et que le maximum de tension que l'on puisse produire dans les chaudières, soit de 5 atmosphères au-dessus de la pression atmosphérique.

Le diamètre du cylindre est de $2^m,302$.

On aura l'équation :

$$0,785 \ (2,302)^2 \ 3,50 \left[\frac{10335.6}{x} \ (\ 1 + \log. \ x. \ 2,3026 \ ) - 3445 \right]$$
$$= 627428 \ ^{k.m.}.$$

Équation qui, simplifiée, se réduit à :

$$0,3257 \ x - \log. \ x = 0,4342.$$

Essayons $x = 2$. On trouve $0,6514 - 0,30103 - 0,35037$.
x est trop petit.

$x = 2,5$. On trouve $0,81425 - 0,39794 = 0,41631$.
x est trop petit.

$x = 2,75$. On trouve $0,89567 - 0,43933 = 0,45634$.
x est trop grand.

$x = 2,6$. On trouve $0,84682 - 041497 = 0,43185$.
x est trop petit.

$x = 2,65$. On trouve $0,86310 - 0,42324 = 0,43986$.
x est trop grand.

$x = 2,62$ satisfait assez exactement à l'équation.

La détente commencerait après une course de :

$$\frac{3,50}{2,62} = 1^m,33.$$

La pression initiale de la vapeur sur le piston, serait de :

$$0,785 \ (2,302)^2 \ 10335.6 = 258141^{kil.}$$

La pression x, au point d'équilibre, serait de :

$$x - 0,785 \ (2,302)^2 \ 3445 = 179265^{kil.}$$
$$\text{d'où } x = 193606^{kil.}$$

Donc le chemin y, déjà parcouru au point d'équilibre, aurait pour valeur :

$$y : 1^m,33 = 258141 : 193606$$
$$\text{d'où } y = 1^m,77.$$

Et le chiffre de la détente, jusqu'à ce point, serait représenté par :

$$\frac{1,77}{1,33} = 1,33.$$

En évaluant maintenant, par la méthode déjà employée, la différence entre le travail moteur et le travail résistant jusqu'au point d'équilibre, on trouve :

Travail résistant $1^m,77$. $179265 = 317299^{k.\,m.}$

Travail moteur :

$$0,785\ (2,302)^2\ 1,77 \left[\frac{10335.6}{1,33}\ (1 + \log.\ 1,33.2,3026) - 3445\right]$$
$$= 416792^{k.m.}$$

Différence : $99493^{k.m.}$

Cette différence est plus considérable que le travail qui peut être emmagasiné par les masses en mouvement, et l'on ne pourrait, par conséquent, pousser la détente jusqu'à 2,62 fois le volume primitif de la vapeur ; il faudrait travailler à une pression un peu inférieure à 6 atmosphères et détendre un peu moins.

———o———

La question des limites de la détente doit encore être envisagée sous un autre point de vue, c'est celui de la résistance que peut présenter la maîtresse-tige à l'action de la puissance pendant la première période de son action, lorsqu'elle surmonte, non-seulement les résistances, mais encore communique à toutes les masses en mouvement le travail que celles-ci restitueront pendant la deuxième période.

On peut supposer, dans ce cas, que la pression initiale de la vapeur se transmet tout entière au sommet de la maîtresse-tige et vérifier si les dimensions de celle-ci suffiront pour qu'elle supporte cet effort sans danger.

Choisissons pour exemple le cas où le cylindre ayant $2^m,80$ de diamètre, on détend jusqu'à 2,36 fois le volume de la vapeur à pression pleine qui est à la tension de 4 atmosphères.

La pression initiale de la vapeur est dans ce cas de :

$$0,785 \; (2,80)^2 \; (41340 - 5445) = 253220^{\text{kil}}.$$

D'autre part, la maîtresse-tige adoptée a, au sommet, une section de $0^{\text{m2}},2827$, soit un carré de $0^{\text{m}},5317$ de côté. Chaque centimètre carré aurait donc à supporter un effort de $\dfrac{253220}{2827} = 82$ à 85 kilogrammes.

Comme cet effort ne dépasse pas la limite jusqu'à laquelle on peut charger chaque centimètre carré de sapin, la première partie de la maîtresse-tige présenterait une résistance suffisante pour détendre jusqu'à 2,56 fois et même 2,5 fois le volume primitif de la vapeur, limite de la détente possible.

Quant aux autres parties de cette tige, on pourrait vérifier si elles présentent, chacune, une résistance suffisante, en les considérant comme recevant, outre le travail des résistances, tout le travail qui doit être emmagasiné, moins la portion qui l'est déjà par toutes les masses qui leur sont supérieures, mais en général, lorsque toutes les parties ont été calculées pour ne porter que $\frac{1}{5}$ de la charge de rupture pendant l'ascension, comme je l'ai indiqué, on peut admettre que si le sommet peut supporter une certaine détente, le reste pourra, sans danger, fonctionner dans les mêmes conditions.

Après ses remarques peu bienveillantes sur les motifs qui m'avaient engagé à laisser à l'écart l'examen attentif de la question des limites de détente, et des bénéfices que cette détente peut offrir, lesquels sont exactement proportionnels à la quantité de vapeur que l'on économise par son introduction, M. Brasseur passe à la critique du volant que j'ai proposé pour faciliter la détente dans certains cas.

L'objection qu'il présente à l'emploi de cet appareil prouve qu'il ignore comment la vitesse s'anéantit progressivement à la fin de la période de refoulement de l'eau dans les colonnes d'ascension.

Dans toutes les machines, cet effet se produit en fermant,

avant la fin de la course, la soupape de décharge de la vapeur
dans l'atmosphère ou dans le condenseur. On forme ainsi, sous
le piston, dans les machines à traction directe, un coussin de
vapeur qui oppose une résistance de plus en plus énergique à la
descente de la maîtresse-tige et qui la ramène lentement à l'état
de repos. Dans le cas qui nous occupe, ce coussin ralentirait
non-seulement la vitesse de la maîtresse-tige, mais encore celle
du volant, par un effort de tension sur la tige du piston et sur
la partie de maîtresse-tige comprise entre cette tige de piston et
le point d'attache du câble qui se relève vers le cylindre, et non,
comme le prétend M. Brasseur, par pression sur le sommet de
la maîtresse-tige. Cette objection tombe donc devant la simple
exposition de la manière d'empêcher la maîtresse-tige de retomber lourdement sur ses taquets à la fin de chaque course descendante.

Chapitre ventilation. — Dans ce paragraphe de son rapport,
M. Brasseur regarde comme probable qu'à la profondeur de
1000 mètres, il faudra, pour produire la ventilation, une
dépense de force motrice double de celle qui est nécessaire à la
profondeur de 500 mètres ; parce que, dit-il, le parcours étant
double, le travail absorbé par toutes les résistances est également double.

Signalons d'abord ici une première erreur ; le parcours de
l'air, dans une mine, se compose des deux puits d'entrée et de
sortie, plus tout le développement de galeries entre ces deux
puits ; de sorte que si ce dernier est de 2000 mètres, le parcours
total de l'air et, par conséquent, les résistances qui s'opposent à
son mouvement, ne seront accrues que dans la proportion de
l'augmentation de profondeur des deux puits, soit 1000 mètres
pour les deux, si l'on passe de la profondeur de 500 mètres à
celles de 1000 mètres. Dans le premier cas, le parcours total
est de 3000 mètres et dans le deuxième de 4000 mètres ; donc
il n'y a que $\frac{1}{4}$ d'accroissement de parcours pour une profondeur
double, dans le cas dont il s'agit.

Mais comme, d'autre part, les galeries présentent ordinairement des sections moindres que celles des puits, qu'elles ne sont
point muraillées et qu'il s'y rencontre, à chaque instant, des
coudes brusques, des étranglements, etc., les résistances, pour

la même longueur de parcours, y sont bien plus grandes que dans
les puits, et cet accroissement de $\frac{1}{4}$ dans le développement total
de conduits à parcourir, est bien loin de correspondre à une
augmentation de $\frac{1}{4}$ dans le travail nécessaire pour surmonter les
résistances.

D'un autre côté, M. Brasseur ne semble pas se douter que,
dans la ventilation des mines par machines, il y a deux causes
qui produisent le mouvement de l'air à travers tout le développement de conduits souterrains, dont l'une tend à combattre
victorieusement les inconvénients de l'accroissement de profondeur ; mais avant de réfuter le reste du chapitre sur la ventilation, il est indispensable de rappeler quelques principes dont
M. Brasseur oublie tout à fait l'influence sur le phénomène dont
il est question.

D'après la loi de Gay-Lussac, vérifiée plus tard par M. Re-
gnault qui en a légèrement modifié le coefficient, tous les gaz
se dilatent, très-approximativement, de la même fraction de leur
volume à 0° par degré du thermomètre centigrade, sous la
même tension, et cette dilatation s'élève à environ 0,00364 du
volume à 0°.

Donc, si on représente par :

V le volume d'un gaz à la température t.

V′ son volume à la température t' sous la même pression.

On aura :

$$V' = V \frac{1 + 0,00364\ t'}{1 + 0,00364\ t}.$$

La pression qui produit le mouvement de l'air dans une mine,
est de même nature que celle qui produirait le mouvement dans
un siphon renversé, à branches égales, placé dans le vide (les
pressions atmosphériques se faisant équilibre sur les ouvertures),
et dont une des branches renfermerait un liquide d'une densité
supérieure à celle du liquide contenu dans l'autre branche ; ces
deux densités étant celles de l'air que renferme chacune des
branches du siphon. L'effet serait encore le même si les deux
branches renfermaient un liquide de même densité que celle de
l'air contenu dans la branche de sortie, et que la branche d'entrée augmentât de hauteur de manière que le fluide qu'elle con-

tient pesât le même poids qu'avant d'être porté à la température
de la branche de sortie.

Dans ce cas, la vitesse de sortie v, correspondante à la différence de hauteur h des deux colonnes, serait, d'après la formule
connue :

$$v = \sqrt{2gh}. \quad (1)$$

Et cette hauteur h est évidemment la dilatation qu'une colonne d'air d'un diamètre constant, éprouverait en passant de la
température d'une branche à la température de l'autre branche,
ou de la température t à la température t' ; de sorte que si on
représente par H la hauteur des branches, on trouvera successivement :

$$H + h : H = \frac{1 + 0,00364.\ t'}{1 + 0,00364.\ t} : 1.$$

$$\text{Et} \quad h = H \left(\frac{1 + 0,00364.\ t'}{1 + 0,00364.\ t} - 1. \right) \quad (2)$$

Dans les mines, il est généralement interdit de porter la vitesse du courant ventilateur au delà de 2 à 3 mètres par seconde,
à cause des fâcheuses conséquences qui en pourraient résulter
relativement à l'emploi des lampes de sûreté dans les travaux
qui renferment du grisou.

La formule (1) donne pour hauteur génératrice de cette vitesse de 3 mètres

$$h = 0^{m},4587.$$

De sorte qu'en supposant les puits de 1000 mètres et la température moyenne de l'air descendant de 20°, la formule (2)
donnera pour température à laquelle l'air devrait être élevé
dans le puits de sortie, afin de produire dans les conduits souterrains supposés de même section, une vitesse suffisante :

$$t' = 20°,265.$$

S'il n'y avait aucune résistance nuisible, il suffirait donc que
la température de l'air, en traversant les travaux, fût élevée de
0°,265 pour produire dans ces travaux la plus puissante ventilation que l'on puisse y supporter.

Dans les circonstances ordinaires de la pratique, où la différence moyenne entre la température moyenne de l'air dans le puits d'entrée et sa température moyenne dans le puits de sortie, s'élève au moins à 10°, la vitesse théorique de l'air devient bien plus considérable.

En effet, supposons la température de 15° dans le puits d'entrée, de 25 dans le puits de sortie et la profondeur de 500 mètres, puis de 1000 mètres.

Les formules (1) et (2) donnent :

Pour les puits de 500 mètres : $h = 17$ mètres et $v = 18^m,26$.
Pour les puits de 1000 mètres : $h = 54$ mètres et $v = 25^m,82$.

On voit, d'après cela, que dans le cas d'une différence moyenne de température de 10° entre les deux puits, l'effet utile absorberait une charge de $0^m,4587$ et qu'il resterait pour vaincre les résistances nuisibles :

à 500 mètres de profondeur : $17^m - 0,4587 = 16^m,5413$.
à 1000 mètres de profondeur : $54^m - 0,4587 = 53^m,5413$.

C'est-à-dire qu'à la profondeur de 1000 mètres, il resterait pour vaincre les résistances nuisibles plus du double de la charge qui reste lorsque la profondeur n'est que de 500 mètres, toutes choses égales d'ailleurs ; tandis que ces résistances, dans le premier cas, ne seront accrues, selon l'hypothèse posée ci-dessus, que de moins d'un quart.

Cet excédant considérable de charge, sur celle qui est nécessaire pour produire le simple mouvement de l'air, ne suffit, pour la ventilation, que dans les mines peu développées, et généralement il faut, pour achever de vaincre les résistances nuisibles et maintenir la vitesse nécessaire à l'assainissement des travaux, l'action d'une nouvelle force motrice, surtout dans les temps chauds, où la différence de température entre les deux colonnes diminue, et où cette diminution n'est qu'imparfaitement compensée par la présence des vapeurs d'eau, par la chaleur que développent les hommes, les lumières et les animaux et par le dégagement d'hydrogène carboné. Dans tous les cas, ces dernières causes sont toujours suffisantes pour maintenir, quelque soit la température extérieure, le mouvement de l'air dans le même sens, car beaucoup de mines peu développées, et même peu profondes, sont encore ventilées uniquement par les causes indiquées ci-dessus et le courant s'y produit dans le même sens, en toutes saisons ; seulement il est moins vif en été qu'en hiver ; mais la charge qui le produit, quand il est faible, est toujours bien plus considérable que celle qui serait nécessaire pour produire une excellente ventilation en l'absence de toutes résistances nuisibles.

On peut donc tirer, de tout ce qui précède, la conséquence qui suit :

Les causes naturelles de ventilation sont toujours plus puissantes que celles qui seraient nécessaires pour aérer convenablement une mine, si les conduits souterrains n'opposaient aucune résistance au mouvement de l'air, et ces causes, dans ce cas, seraient, le plus souvent, suffisantes pour produire une véritable tempête dans les travaux.

Il est facile de s'assurer que les faibles différences de niveau qui existent, dans notre pays, entre les orifices des puits d'une même exploitation, ne peuvent altérer ces résultats qui sont d'autant plus prononcés que les puits sont plus profonds.

Lorsque l'excédant de poids de la colonne descendante, sur celui qui est nécessaire pour produire le simple mouvement de l'air, abstraction faite des résistances nuisibles, ne suffit pas pour vaincre ces résistances, ce qui est le cas le plus général, on allége le poids de la colonne montante en déchargeant son sommet d'une partie de la pression atmosphérique, à l'aide d'une machine que l'on nomme ventilateur. On produirait, du reste, le même effet en agissant par pression sur la colonne descendante.

Le ventilateur n'est donc destiné qu'à vaincre la fraction des résistances nuisibles que les causes naturelles n'ont pu surmonter, et son travail est toujours inférieur à la totalité du travail qu'absorbent les résistances nuisibles seules.

L'expression $\dfrac{mv^2}{2}$, par laquelle M. Brasseur propose de désigner l'effet utile des ventilateurs et qui représente le travail nécessaire pour mettre en mouvement avec une vitesse v, une masse d'air m, n'est donc qu'une fraction, le plus souvent très-

faible, du travail que produisent les causes naturelles de ventilation , indépendamment de celui qu'une autre force motrice
peut produire sur le ventilateur ; et comme, d'autre part, l'effet
utile d'une machine quelconque est toujours la fraction du travail moteur qui n'a pas été absorbée par les résistances nuisibles
ou par l'inertie, il en résulte qu'il faudrait encore ajouter à la
totalité du travail que reçoit le ventilateur, non-seulement pour
que ce travail fût équivalent à celui qu'exigent la mise en mouvement de l'air et la totalité des résistances nuisibles correspondantes à une ventilation déterminée, mais encore pour que ce
travail fût simplement équivalent à celui qui est nécessaire pour
surmonter les résistances nuisibles seules, ce qui constitue, pour
le ventilateur, un effet utile qui porte tous les caractères des
quantités négatives, quand on ne tient aucun compte, comme le
fait M. Brasseur, des causes naturelles qui interviennent dans l'opération et que l'on attribue tout l'effet produit, à ce ventilateur.

On voit d'après cela que M. Brasseur, après avoir inventé les
machines d'épuisement à effet utile décroissant à mesure que
ces machines deviennent plus parfaites, a encore inventé les
ventilateurs à effet utile négatif, en considérant la différence de
densité des deux colonnes de descente et de montée de l'air
comme faisant partie de l'appareil mécanique de ventilation. Sa
définition de l'effet utile doit donc être rejetée, et lorsque j'ai
indiqué, dans le mémoire, que j'emploierais un ventilateur plus
puissant à la profondeur de 1000 mètres qu'à la profondeur de
500 mètres, ce n'était pas parce que, toutes choses égales d'ailleurs, je pensais qu'il fallût plus de travail dans le premier cas,
mais parce qu'à cette énorme profondeur le développement probable des travaux souterrains, pour éviter la multiplication des
puits, me paraissait devoir neutraliser, et au delà, l'accroissement des causes naturelles de ventilation.

Passons maintenant à une autre définition de l'effet utile :

Comme nous venons de le voir, le ventilateur est uniquement
destiné à enlever de l'air au sommet de la colonne de sortie pour
diminuer sa tension en ce point, de quelques centimètres d'eau,
afin d'augmenter d'une quantité équivalente la charge génératrice du mouvement en ce même point. Cette opération se fait en
y prenant de l'air pour le rejeter dans l'atmosphère, en quantité

telle que celui qui vient de l'intérieur des travaux ne puisse arriver assez vite pour faire disparaître le degré de raréfaction qui est indispensable pour maintenir l'excédant du poids de l'une des colonnes sur l'autre, pour produire le mouvement avec la vitesse reconnue nécessaire, et pour surmonter les résistances correspondantes.

C'est à cette opération toute locale que se réduit l'emploi du ventilateur, quel que soit son mode de construction, et il n'en fait point d'autre ; il prend un certain volume d'air, l'isole de la masse fluide qui se meut derrière et la fait pénétrer dans l'atmosphère en surmontant la résistance ou pression atmosphérique.

Pendant que l'une des faces de l'organe qui fait ainsi pénétrer l'air de la mine dans l'atmosphère, éprouve à son mouvement une résistance égale à la pression atmosphérique tout entière, une autre face exactement équivalente éprouve, dans le sens du mouvement, une pression égale à celle qui existe au sommet de la colonne de sortie, de sorte que l'appareil n'a, en réalité, à surmonter que la différence de ces deux pressions, de quelque façon qu'il soit construit. Je ne parle pas de la compression progressive de l'air que l'on fait passer de la pression qui existe au sommet de la colonne de sortie, à la pression atmosphérique ; la différence de ces tensions étant généralement trop faible pour que l'on en tienne compte.

Si l'appareil tournait en sens inverse, la différence de tension demeurant la même des deux côtés de cet appareil, la pression atmosphérique se transformerait de résistance en puissance et produirait un travail moteur exactement égal à ce travail résistant et semblable à celui de la vapeur dans une machine ordinaire ou dans une machine à mouvement de rotation direct ; travail que représente, comme on le sait, le produit du volume de vapeur dépensé par la différence de tension entre l'amont et l'aval de la partie mobile, ou piston, quand on agit sans détente, ou l'expression PV que j'ai indiquée, dans mon mémoire, comme représentant l'effet utile du ventilateur.

Je maintiens donc cette expression générale de l'effet utile d'un ventilateur ; car il est évident que la puissance motrice qui agit sur l'appareil de ventilation devrait toujours produire une quantité de travail égale à cet effet utile, quand même l'appareil réaliserait la perfection théorique et ne présenterait absolument aucune espèce de résistances nuisibles propres; ce n'est que la machine à vapeur dont je viens de parler, tournant à rebours et absorbant du travail au lieu d'en produire.

Je dois cependant faire, à ce propos, une remarque essentielle; c'est que l'inertie de l'air peut avoir une certaine influence sur la quantité de travail moteur que doit recevoir l'appareil de ventilation, suivant son mode de construction, même abstraction faite de ses résistances nuisibles.

Si l'air, en traversant l'appareil, ne reçoit pas un accroissement de vitesse absolue, sa force vive reste invariable et le travail à dépenser se réduit à PV.

Si cet air, en traversant l'appareil, diminue de vitesse, c'est-à-dire si les conduits de l'appareil ont une plus grande section que le sommet de la colonne de sortie, il peut restituer une partie de la force vive qu'il possédait avant de pénétrer dans ces conduits et amener ainsi une diminution dans la dépense du travail moteur, qui deviendrait légèrement inférieure à PV; mais ces diminutions de vitesse sont ordinairement accompagnées de remous qui anéantissent une partie plus ou moins considérable de cette force vive disponible, de sorte que je ne pense pas qu'il y ait grand bénéfice à augmenter la section de ces conduits ou, en d'autres termes, à augmenter outre mesure les dimensions des ventilateurs.

Enfin, si l'air reçoit un accroissement de vitesse à son passage dans l'appareil, en traversant des conduits de section plus petite que celle du sommet de la colonne de sortie, il faudra absolument que la force motrice produise un surcroît de travail équivalent à l'accroissement de force vive que subit l'air dans ce trajet; car il est rejeté dans l'atmosphère avec cet excédant de force vive qui est entièrement perdu. Ainsi, au point de vue purement théorique de l'absence de toutes résistances nuisibles, les meilleures dimensions d'un ventilateur seraient celles sous lesquelles l'air de la mine le traverserait sans changement de vitesse, ou en passant par des conduits de même section que le sommet de la colonne de sortie; il serait peu utile de les faire plus grands et il serait fort nuisible de les faire plus petits.

Dans l'application, c'est l'expérience qui doit apprendre s'il convient de donner aux appareils des dimensions telles que l'air, en les traversant, conserve la vitesse qu'il possédait avant d'y pénétrer, ou si l'on peut diminuer, jusqu'à une certaine limite, la section des conduits en augmentant la vitesse des parties mobiles qui poussent l'air devant elles, en rendant ainsi cet appareil moins volumineux, plus facile à construire et présentant moins de chances de fuites, de manière à dépenser moins de travail en résistances nuisibles et pertes d'air, en communiquant plus de ce travail à la masse d'air en mouvement et sans utilité au point de vue de la ventilation. Il est clair qu'il faut s'arrêter dans la voie de diminution de section des conduits, au point où l'économie de travail sur les résistances nuisibles et sur les pertes de toute nature, commence à être moindre que l'excédant de force vive qu'il faut communiquer, sans utilité, à toute la masse d'air qui traverse l'appareil.

Il serait encore possible qu'en faisant avec soin des essais de cette espèce, on arrivât à trouver préférable d'agrandir les conduits jusqu'au delà de la limite correspondante au simple maintien de la force vive antérieure du courant qui les traverse ; mais c'est peu probable.

Il est clair que, dans tous les cas, PV représente l'effet utile de ces appareils, avec un degré d'approximation suffisant pour la pratique, et je ne crois pas que, dans les circonstances ordinaires de la ventilation des mines, on puisse trouver une autre expression de cet effet utile, qui soit, moyennement, plus exacte.

Ces considérations concernant le rôle de l'inertie dans la ventilation et son influence sur la quantité de travail nécessaire pour produire un degré de ventilation déterminé, fournissent une explication très-nette de l'infériorité des ventilateurs à ailes planes, courbes, etc., en un mot des appareils dont j'ai formé la première catégorie, dans mon mémoire. Tous rejettent l'air dans l'atmosphère en l'emportant dans leur mouvement de rotation qui est très-rapide et en lui communiquant, aux dépens de la force motrice, un excédant considérable de force vive qui est entièrement perdue. Cet effet est moins prononcé dans les ventilateurs à ailes courbes ou très-inclinées, que dans des ventilateurs à ailes planes suivant le rayon ou peu inclinées sur ce rayon, et se complique, dans tous les cas, de chocs brusques à l'instant ou l'air aspiré se met en contact avec les parties mobiles de l'appareil, ce qui en aggrave encore les fâcheuses conséquences. Lorsque de semblables ventilateurs ont fourni plus d'effet utile que ceux de l'autre catégorie, cela provenait uniquement de ce qu'ils présentaient moins de chocs et de frottements, de façon à compenser, et au delà, leur infériorité théorique, et un semblable résultat n'a pu se produire que dans le cas d'une ventilation sous une faible dépression qui dispensait d'un mouvement de rotation trop rapide et atténuait ainsi le vice radical de ce genre d'appareil.

On voit, d'après cela, que pour perfectionner ces derniers ventilateurs, il faut que toutes les modifications aux appareils actuels tendent à rejeter l'air dans l'atmosphère par le plus court chemin, en l'emportant, le moins possible, dans le mouvement de rotation, en un mot, en lui imprimant le plus faible accroissement possible de vitesse absolue dans l'espace; sans perdre de vue la considération générale de simplicité de construction et de réduction des résistances nuisibles à leur minimum.

Après cet exposé des principes de la ventilation des mines, je me crois fondé à maintenir tout ce que j'ai avancé dans mon mémoire; la critique de M. Brasseur sur les effets de l'accroissement de profondeur, sur les causes du mouvement de l'air, sur l'évaluation de l'effet utile, manque entièrement de fondement et il doit être évident, pour tout lecteur impartial, que cette question de ventilation lui est tout à fait étrangère.

M. Brasseur passe ensuite à la critique du moyen que je propose pour créer une force motrice au fond des travaux, et qui consiste à élever de l'eau pour la faire agir sur des appareils hydrauliques et le condamne parce que, dit-il, le travail que l'on peut obtenir ainsi coûtera plus cher que celui que l'on obtient directement d'une machine à vapeur.

Cette façon d'envisager les questions industrielles est vraiment étrange; certes, s'il s'agissait de construire à la surface du sol une machine motrice pour en employer le travail à moudre du blé ou à laminer de la tôle, je ne proposerais pas d'élever de l'eau à l'aide d'une machine à vapeur pour employer ensuite cette eau à faire tourner une roue hydraulique qui exécuterait l'une ou l'autre de ces opérations. Mais puisqu'il est à peu près impossible de placer une machine à vapeur au fond d'une mine, surtout à une assez grande distance du puits, pour en employer immédiatement le travail à certaines opérations de transport souterrain ou autres; mieux vaut encore élever de l'eau à l'aide d'une machine à vapeur placée à la surface, pour que cette eau devienne une force motrice d'un emploi commode, que de ne point employer de machines du tout. Le travail utile ainsi obtenu, quoique plus cher que s'il avait été produit par l'application directe de la machine à vapeur, coûtera toujours infiniment moins que le travail de l'homme et, dans le cas dont il s'agit, la machine que je propose n'est pas une *détestable* machine, comme le dit M. Brasseur, elle est *la meilleure de toutes celles que je crois possible d'employer;* au moins jusqu'à découverte d'une autre puissance motrice créée directement au fond, n'offrant aucun inconvénient de chaleur et de décomposition de l'air et présentant une économie notable sur celle que je propose d'employer.

En industrie, il n'y a guère de machines qui soient bonnes ou mauvaises d'une manière absolue; la machine qui consomme le plus de charbon peut être *la meilleure* dans certaines circonstances données, parce qu'elle offre certains avantages particuliers que l'on ne trouve point dans d'autres et qui l'emportent sur les inconvénients d'une dépense excessive de combustible, et aussi quelquefois, parce qu'elle est seule possible; tandis que, souvent, la machine qui consomme le moins de combustible, peut être *détestable,* lorsqu'elle présente des inconvénients spéciaux qui en rendent l'application, dans certaines conditions, difficile et parfois même impossible.

M. Brasseur calcule ensuite le travail absorbé par l'élévation de la tige qui soulèverait l'eau que je propose d'employer comme force motrice dans la mine, et indique la perte dont cette tige serait la cause si elle n'était point équilibrée. Cette extension de son rapport me semble assez superflue et je crois avoir suffisamment prouvé, dans les articles qui concernent l'épuisement et le transport des ouvriers dans les puits, que je suis assez convaincu de la nécessité d'équilibrer les tiges, pour n'y pas manquer dans la circonstance dont il s'agit.

Enfin, dans le dernier paragraphe de son rapport, M. Brasseur passe du rôle de critique au rôle d'inventeur et regrette que je n'aie pas étudié la question du remplacement des puits verticaux actuels, par des galeries ou tunnels inclinés à 45°, au lieu d'étudier les quelques perfectionnements probables ou possibles, dont le mémoire fait mention.

Je ne crois pas que cette étude puisse conduire à rien de bon et voici, à priori, quelques-uns des motifs qui m'inspirent cette conviction.

1° Le percement d'une telle galerie à travers les couches de sables aquifères et les niveaux de toute nature, déjà fort difficile quand on profite de tous les avantages de la direction verticale, deviendrait tout à fait impossible dans les neuf dixièmes des circonstances, et dans la plupart des grandes exploitations de notre pays, on rencontre ces couches aquifères.

2° Une telle galerie présenterait une projection horizontale de 1,000 mètres de développement et sur toute cette longueur, sous la galerie, il faudrait renoncer à l'exploitation des couches disponibles, à cause des tassements qui détruiraient les cuvelages et démoliraient, à chaque instant, les revêtements maçonnés. Ces tassements, dans les exploitations actuelles, sont suffisants pour disloquer les maisons situées au-dessus des couches exploitées et obliger continuellement les sociétés à payer des dommages aux propriétaires de la surface ; ils suffisent même souvent pour déranger les puits ordinaires de la direction verticale, au point qu'il y a peu de puits très-profonds qui ne soient fortement déviés par suite des exploitations dans leur voisinage. L'interdiction d'exploiter les couches voisines de la galerie, pourrait d'ailleurs être une cause de ruine dans certains cas particuliers.

3° Les inconvénients de la rupture des câbles, y seraient les mêmes que dans les puits verticaux, seulement ils seraient un peu atténués, la composante dans le sens de l'inclinaison était alors les 0,707 du poids tout entier. Puis l'usure de ces câbles, qu'il faudrait soutenir par des poulies, y serait très-rapide et occasionnerait de fréquents accidents ; d'autant plus que leur excessive longueur ferait, encore plus, hésiter à les remplacer.

4° J'ignore par quels moyens M. Brasseur ferait franchir ce tunnel aux ouvriers ; mais s'il employait pour cela des câbles et

des chariots, il retomberait dans tous les inconvénients que peut
présenter leur transport dans des puits verticaux par cages ou
par cuffats, y compris l'incertitude du fonctionnement des appareils de sûreté. En effet, un ouvrier serait aussi bien perdu en
descendant librement sous l'action de la pesanteur, le long d'un
plan incliné à 45°, qu'en tombant dans un puits vertical. D'un
autre côté, je ne pense pas que M. Brasseur veuille remplacer la
machine à tiges oscillantes par un escalier à 45°, à peu près
aussi fatiguant qu'une échelle.

5° Il faudrait renoncer à tous les puits actuels qui s'appro-
fondissent progressivement et serviront indéfiniment à l'exploitation, et percer cette galerie tout exprès d'un bout à l'autre au
prix d'une dépense suffisante pour absorber toutes les ressources
d'une entreprise dans certains cas ; en supposant, toutefois, le
percement possible.

En présence de ces inconvénients qui, très-certainement, ne
sont pas les seuls, je ne pense pas qu'il soit fort utile d'établir
la comparaison entre le prix de revient d'une telle galerie, et
celui de deux puits verticaux pour l'extraction et les échelles
mobiles, et cette tentative malheureuse de M. Brasseur prouve,
une fois de plus, à M. Lamarle, que les inventions judicieuses,
dans le domaine de l'exploitation des mines, ne sont pas aussi
faciles qu'il semble le croire.

Je terminerai ici cette longue réponse aux objections de Mes-
sieurs les Commissaires de l'Académie, en manifestant l'espérance que le lecteur trouvera, comme moi, qu'il est profon-
dément regrettable que l'examen des mémoires envoyés au
concours, n'ait pas été confié à des hommes moins croyants que
M. Lamarle en la possibilité de transformer radicalement, et
instantanément, les systèmes actuels d'exploitation des mines,
par voie d'invention, et mieux informés que M. Brasseur des
questions théoriques et pratiques qui se rattachent à cette importante industrie.

FIN.

TABLE DES MATIÈRES.

RAPPORTS DE MM. LES COMMISSAIRES DE L'ACADÉMIE.

MÉMOIRE SUPPLÉMENTAIRE EN RÉPONSE
AUX OBJECTIONS QUE CONTIENNENT LES RAPPORTS
DE MM. LES COMMISSAIRES DE L'ACADÉMIE.

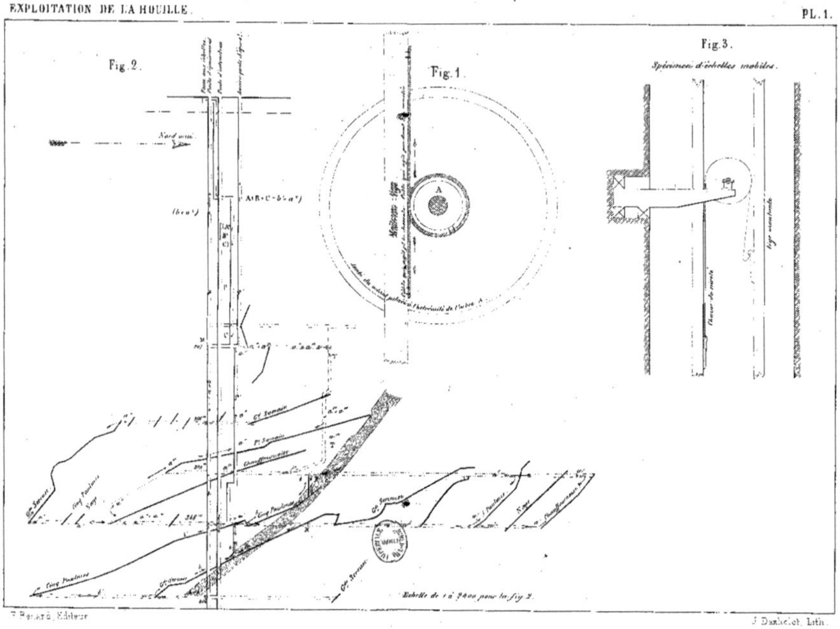
Fig. 2.
Fig. 1.
Fig. 3.
Spécimen d'échelles mobiles.
Nord vrai
Cinq Paulines
Gd Sornain
Pt Sornain
Chauffournoise
Echelle de 1 à 2400 pour la fig. 2.

F. Savy, Editeur   J. Dankelot, Lith.

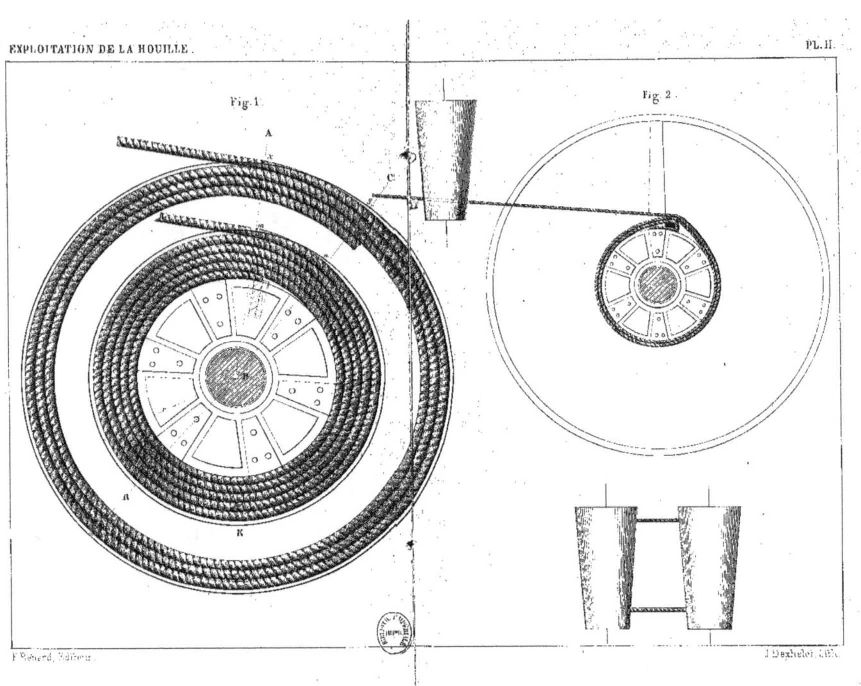

Fig. 1.
Fig. 2.
A
C